제 2 판

전기 견적 설비

Electrical
Cost estimation
Equipment

심 재 구 저

B.C.Info

머 리 말

안녕하십니까?

이 책은 오랫동안 학생들을 가르쳐 온 강의 경험과 현장에서의 실무 경험을 바탕으로 전기공사비 산출에 따른 물량산출 및 내역서 작성 등 견적에 필요한 지식과 방법에 관해 체계적인 학습을 위해 집필하였다.

본서는 대학 및 산업현장에 종사하는 초급전기기술자는 물론이고 고급기술 · 기능숙련자에게도 견적분야를 공부함에 있어서 보다 쉽게 접근할 수 있도록 노력과 정성을 들이느라 나름 애를 썼다.

이 책의 특징은 다음과 같다.

1. 모두가 친숙하게 접근할 수 있도록 연습문제과 실전문제를 수록하였으며, 정확한 물량산출과 공임산출을 위해 최근 표준노임단가를 적용하였다.
2. 최종 견적서 작성을 위해 엑셀 함수 이용 물량 · 공임산출을 효율적이고 신속하게 계산하도록 하였다.
3. 전기도면의 부품명칭을 실제사진을 통해 이해하기 쉽도록 구성하였다.

이 책의 내용은 다음과 같다.

1. 1장에 견적설비 기준으로 적용범위, 적용방법을 구체적으로 설명하였다.
2. 2장에서 적산과 견적의 정의를 명확히 하고 견적의 종류 및 견적 시 고려사항을 설명하였다.
3. 3장에서 공사원가 구성을 간략하게 도해로 설명하여 이해를 쉽게 했으며, 세부항목은 부가설명을 덧붙여 공사비 원가 계산을 쉽게 할 수 있도록 하였다.
4. 4장에서 견적부품 설명을 실물사진을 삽입하여 전기현장실무 초급기술자도 이해를 쉽게 할 수 있도록 하였고, 부품에 따른 간단한 재료비, 공량, 노임비 산출 기본문제 및 실전문제를 제시하여 실무와 전기분야 기사 · 산업기사 검정실기시험에 어려움이 없도록 하였다.
5. 5장에서 주어진 실제도면을 보고 엑셀을 응용하여 재료비, 인건비, 경비, 부가가치세, 이윤 등을 계산하고 총 공사비를 구하는 방법을 제시하였다.

부디 이 한권의 책이 학생들이나 현장의 전기 분야 기술자들이 견적 실무를 접하는데 있어 미약하게나마 도움이 되었으면 한다.

책을 내면서 보완되어야 할 부분은 앞으로 계속 보완해 나갈 것이며 이에 아낌없는 충고와 지도편달을 부탁드린다. 끝으로 본서를 집필할 수 있도록 해 주신 복두출판사측에도 감사를 올리는 바이다.

한국폴리텍대학 전기과 심재구 올림

목 차

01

> 견적설비 기준

1. 적용기준

1-1 목적

견적이란, 정부 등 공공기관에서 시행하는 전기공사의 적정한 예정가격을 산정하기 위한 일반적인 기준을 제공하는 것이다.

1-2 적용범위

국가, 지방자치단체, 공기업, 준 정부기관, 기타 공공기관 및 위 기관의 감독과 승인을 요하는 기관에서는 본 표준품셈을 전기공사 예정가격 산정의 기초로 활용한다.

1-3 적용방법

1. 공사의 예정가격 산정은 본 [1]표준품셈을 활용한다.

2. 본 표준품셈은 전기공사 중 대표적이고 보편적이며, 일반화된 [2]공종, [3]공법을 기준한 것이며, 현장여건, 기후의 특성 및 기타 조건에 따라 조정하여 적용하되, 예정가격 작성 기준 제2조에 따라 부당하게 감액하거나 과잉 계산되지 않도록 한다.

3. 본 표준품셈에 명시되지 않은 사항은 각종 사업을 시행하는 국가기관, 지방자체단체, 공공기관 등의 장의 책임 하에 적정한 예정가격 산정기준을 적의 결정하여 적용한다.

4. 전기공사의 예정가격 산정 시 공사규모 · 공사기간 및 현장조건 등을 감안하여 가장 합리적인 공법을 채택 적용한다.

5. 본 표준품셈에 명시되지 않은 품으로서 타 부문(토목, 건축, 기계, 통신 등)의 표준품셈에 명시된 품은 그 부문의 품을 적용하고 타부문과 유사한 공종의 품은 본 표준품셈을 우선 적용한다.

6. 전기사업법, 전기공사업법, 소방기본법, 총포 · 도검 · 화약류단속법, 산업안전보건법, 산업재해보상보험법, 고용보험법, 국민건강보험법, 국민연금법, 건설기술관리법, 대기환경보전법, 소음 · 진동규제법 등 관계 법령이나 계약조건에 따라 소요되는 비용은 별도로 계상한다.

7. 각 발주기관에서 다항에 따라 별도로 결정하여 적용한 품셈이 표준품셈 보완에 반영할 필요가 있다고 인정될 경우에는 그 자료를 표준품셈 주관기관인 대한전기협회(이하 "주관기관"이라 한다)에 제출한다.

---

1) 어떤 일에 소요되는 재료의 수량과 노무 공량을 셈하는 기준
2) 공사종류
3) 공사방법

8. 전력기술관리법 제6조의 2의 규정에 의해 신기술로 지정·고시된 기술을 발주처에서 활용할 경우, 발주처가 동 기술을 표준품셈에 반영할 필요가 있다고 판단되면 시공 시에 현장실사를 실시하여 그 자료를 표준품셈 주관기관에 제출한다.

9. 표준품셈 주관기관에서는 상기 [8]항의 품을 표준품셈 제정절차에 따라 제정한 후 표준품셈 부록에 「참고품」으로 수록하여 발주처에서 예정가격을 산정할 때 활용하게 할 수 있다.

1-4 특정기계 사용

공사를 시행하는데 있어 특정한 기계사용이 사전에 확인되었을 때는 본 기준에 의하지 않고 개별적으로 그 특성에 의한 작업능력과 제경비를 산정하여 적용할 수 있다.

1-5 수량의 계산

1. 수량은 M.K.S. 단위를 사용한다.

2. 수량의 단위 및 소수위는 표준품셈 단위표준에 의한다.

3. 수량의 계산은 지정 소수위 이하 1위까지 구하고, 끝수는 4사5입 한다.

4. 계산에 쓰이는 분도(分度)는 분까지, 원둘레율(圓周率) 삼각함수(三角函數) 및 호도(弧度)의 유효숫자는 3자리(三位)로 한다.

5. 곱하거나 나눗셈에 있어서는 기재된 순서에 의하여 계산하고, 분수는 약분법을 쓰지 않으며 각 분수마다 그의 값을 구한 다음 전부의 계산을 한다.(단, 계산은 1회 곱하거나 나눌 때마다 소수 2자리까지로 한다.)

6. 면적의 계산은 보통 수학공식에 의하는 외에 좌표면적계산법·삼사법·프라니미터(Planimeter) 또는 전자면적계산 등에 의한다. 다만, 프라니미터를 사용할 경우에는 3회 이상 측정하여 그 중 정확하다고 생각되는 평균값으로 한다.

7. 체적계산은 의사공식(擬似公式)에 의함을 원칙으로 하나 토사체적은 양단면적을 평균한 값에 그 단면간의 거리를 곱하여 산출하는 것을 원칙으로 한다.(단, 거리평균법으로 고쳐서 산출할 수도 있다.)

1-6 전기 재료의 할증률 철거 손실률

전기재료의 할증률 및 철거용 재료의 손실률은 일반적으로 다음 표의 값 이내로 한다.

종류		할증률(%)	철거손실률(%)
옥외전선		5	2.5
옥내전선		10	-
Cable(옥외)		3	1.5
Cable(옥내)		5	-
전선관(옥외)		5	-
전선관(옥내)		10	-
케이블 랙(트레이), 덕트, 레이스웨이		5	-
Trolley 선		1	-
동 대, 동 봉		3	1.5
애자류	100개 미만	5	2.5
	100개 이상	4	2
	200개 이상	3	1.5
	500개 이상	1.5	0.75
	1,000개 이상	1	0.5
전선로철물류	100개 미만	3	6
	100개 이상	2.5	5
	200개 이상	2	4
	500개 이상	1.5	3
	1,000개 이상	1	2
조가선 (철 · 강)		4	4
합성수지 파형전선관 (파상형 경질폴리에틸렌전선관)		3	-

【해 설】

철거손실률이란 전기설비공사에서 철거작업 시 발생하는 폐자재를 환입할 때 재료의 파손, 손실, 망실 및 일부 부식 등에 의한 손실률을 말함.

1-7 가설공사

가설공사비는 그 성질에 따라 [4]계상할 수 있다.

1-8 지하지반의 추정

지하지반은 토질조사시험에 따라 설계하는 것을 원칙으로 한다. 단, 공사량이 소규모인 경우에는 지형 또는 표면상태에 의하여 추정 설계할 수 있다.

4) 계산하여 올림

1-9 노임

노임은 관계 법령의 규정에 따른다.

1-10 노임의 할증

연장근로와 야간근로 또는 휴일근로의 경우에는 근로기준법(제56조), 유해 위험작업인 경우에는 산업안전보건법(제46조), 도서(제주도 포함), 오지지역 및 기능자격자를 특별히 사용하는 경우에는 국가를 당사자로 하는 계약에 관한 법률 시행규칙(제7조2항)에 정하는 바에 따라 노임을 할증하여 적용한다.

1-11 품의 할증

품의 할증은 공사규모, 현장조건 등을 감안하여 다음의 기준을 적용하고, 품셈 각 항목별 할증이 명시된 경우에는 각 항목별 할증을 우선 적용한다.

1-11-1 야간작업

PERT/CPM 공정계획에 의한 공기산출 결과 정상작업(정상공기)으로는 불가능하여 야간작업을 할 경우나 공사 성질상 부득이 야간작업을 하여야 할 경우에는 품을 25%까지 가산한다.

1-11-2 건물 층수별 할증률

1. **지상 층 할증**

   2~5층 이하 1%
   10층　이하 3%
   15층 〃　4%
   20층 〃　5%
   25층 〃　6%
   30층 〃　7%
   30층 초과에 대하여는 매 5층 이내 증가마다 1.0% 가산

2. **지하층 할증**

   지하 1층 1%
   지하 2~5층 2%

지하 6층 이하는 지하 1개 층 증가마다 0.2% 가산

종류	할증률(%)
보통	0%
불량	25%
매우 불량	50%
물이 있는 논	20%
농작물이 있는 건조한 논밭	10%
소택지 또는 깊은 논	50%
번화가 1	20% (지중케이블공사는 30%)
번화가 2	10% (지중케이블공사는 15%)
주택가	10%
도서지구{본토(육지)에서 인력 파견시}	50%까지

1-11-3 지세별 할증률

왕복소요시간	할증률
2시간 이하	25%
3시간 이하	40%
3시간 초과	50%

1) 왕복소요시간은 운항시간과 승선대기시간의 합
2) 선박은 일반선박 기준임
3) 작업자의 선박운임(인력, 차량, 장비 등)은 별도 계상
4) 공사기간 등 여건에 따라 할증률 차등적용
5) 제주도는 할증 적용 제외

공항에서 1일 비행기 이착륙 회수 20회 이상	50%
10회 이상 20회 미만	25%
6회 이상 10회 미만	15%
5회 이하	10%

※ **지세 구분내역**

구분	지구	보통	불량	매우 불량
고도 기준	해발	100m 미만	300m 미만	300m 이상
	표고	50m 미만	150m 미만	150m 이상
	부지경사각	15° 미만	35° 미만	35° 이상
통행 조건	도로(노폭)	4m 초과	4m 이하	3m 미만
	구배	10° 미만	30° 미만	30° 이상
	이동 시간	30분 미만	1시간 미만	1시간 이상
자연 환경	수목(100m^{2}당)	5그루 미만	10그루 미만	10그루 이상
	강수일(5mm이상)	40일 미만	50일 미만	50일 이상
기타 조건	숙소(작업장 기준)	1km 미만	5km 미만	5km 이상
	인력동원(작업장 기준)	1km 미만	5km 미만	5km 이상

※ **번화가 구분내역**

구분	번화가 1	번화가 2
도로 조건	왕복 4차선 이하	왕복 4차선 초과
1일 차량 통행량	7,000대 초과	2,000대~7,000대
대형차의 통행제한	주간 통행제한	주간 통행제한 없음
도로 점용	2차선 이상	2차선 미만
주변 여건	- 백화점, 상가, 유흥가 등 차량, 통행인 왕래 극심 지역 - 왕복 4차선 초과도로의 교차로 주변	- 차량, 통행인 왕래 혼잡 지역 (학원, 음식점, 관공서 밀집지역 등) - 진/출입용 나들목 또는 램프 주변 교통 혼잡지역 (고속도로, 자동차 전용도로, 지하차도)
주간작업 가능 정도	주간작업 일부 가능	주간작업 가능

번화가 1, 2는 주간작업 기준이며, 야간작업 시는 이 할증률의 50% 적용

지구 선정은 상기 구분내역의 2/3이상 항목에 해당되는 지역으로 선정

1-11-4 지형별 할증률

강 건너기 50% (강폭 150m 이상)
계곡 건너기 30% (긍장 150m 이상)

1-11-5 위험 할증률

1. 교량작업	(인도교)	15% 〃
	(철 교)	30% 〃
	(공중작업)	70%

2. 고소작업 지상	5m미만	0
〃	5m이상 10m미만	20%
〃	10m 〃 15m 〃	30%
〃	15m 〃 20m 〃	40%
〃	20m 〃 30m 〃	50%
〃	30m 〃 40m 〃	60%
〃	40m 〃 50m 〃	70%
〃	50m 〃 60m 〃	80%

고소작업 지상 60m이상 매 10m이내 증가마다 10% 가산
※ 비계틀 없이 시공되는 작업에 적용한다.

3. 고소작업 지상	10m이상	10%
〃	20m 〃	20%
〃	30m 〃	30%
〃	50m 〃	40%

※ 비계틀 사용 시 적용한다.

4. 지하작업 : 지하 4m이하 10%

5. 활선 근접작업	: 30%
AC 154kV급 이상	: 4m 이내
AC 66kV급 이상	: 3m 이내
AC 6.6kV급 이상	: 2m 이내

AC 600V 이상 : 1m 이내
DC 1,500V 이상 : 1m 이내
DC 60V 이상 1,500V 미만 : 30㎝ 이내
단, 전력선 첨가 및 회선 증설(조가선, 케이블 가설 등)은 20%

【해 설】
활선근접작업이란 나도체(22.9kV ACSR-OC 절연전선 포함) 상태 에서 이격거리 이내 근접하여 작업함을 말하며, AC 60V이상 600V 미만, DC 60V이상 750V 미만은 절연물로 피복된 경우 나도체된 부분부터 이격거리 내에서 작업할 때를 말한다.

6. 터널 내 작업 및 터널 내 작업과 유사한 작업인도 및 차량통행 전면통제(철도터널은 열차통행 전 또는 궤도이용 장비 사용 시 포함)차도 15%
차량(철도포함)통행 차도(부분통제도 포함) 30%

【해 설】
터널 내 사다리작업으로 작업능률이 현저하게 저하될 때는 위 할증률에 10%까지 가산할 수 있다. 터널 내 작업할증률은 터널 입구에서 25m 이상 터널 속에 들어가서 작업 시에 적용한다.

7. 군 작전 지구 내에서 작업능률에 현저한 저하를 가져올 때에는 작업할증률을 20%까지 가산한다.

8. 특수보안지역(교정기관, 군부대, 공항 등)에서 이루어지는 작업 중에서 경비원의 입회하에서만 작업이 가능하고 작업시간 및 통행료 제한으로 작업능률 저하가 현저할 경우 20%까지 가산할 수 있다.

1-11-6 기타 할증률

1. 아래와 같은 이유로 작업 능력저하가 현저할 때 50%까지 가산할 수 있다.
· 동일 장소에 수종의 장비 가동
· 작업장소의 협소
· 소음
· 진동
· 해상작업

2. 기타 작업조건이 특수하여 작업시간 및 통행제한으로 작업능률 저하가 현저할 경우는 별도 가산할 수 있다.

1-11-7 열차 통행 빈도별 할증률

본 선상의 열차 통과에 따라 작업이 중단되는 경우에 한하여 적용한다.

공종별	작업 중 열차의 통과횟수	11~25회	26~40회	41~50회
복선 구간	일반 할증률	10%	15%	25%
	궤도상부에서 사다리 작업 시	20%	30%	40%
단선 구간	일반 할증률	15%	20%	30%
	궤도상부에서 사다리 작업 시	30%	40%	60%

열차횟수	선로차단시간			
	1시간마다	1시간 이상	2시간 이상	3시간 이상 6시간 미만
25회	45%	40%	35%	30%
38회	55%	50%	45%	40%
50회	65%	60%	55%	50%
63회	75%	70%	65%	60%
75회	85%	80%	75%	70%
88회	95%	90%	85%	80%
100회	105%	100%	95%	90%
113회	115%	110%	105%	100%
125회	125%	120%	115%	110%
138회	135%	130%	125%	120%
150회	145%	140%	135%	130%

1-11-8 전차선가설 차단공사 할증률

1. 차단공사 시는 열차운전 빈도, [5]구내입환 할증률, 열차접근 및 열차감시 작업 및 사다리작업에 따른 할증률을 별도 가산하지 않는다.

2. 단선조건(단선구간, 복선구간의 상선 또는 하선)의 선로 상 작업에 적용

3. 전차선, 조가선, 가선작업에 한하여 적용한다. 다만, 차단작업이불가피한 공사의 경우에는 적용할 수 있다.

---

5) 차량기지내의 입환작업

1-11-9 구내입환별 할증률

구분	할증률	비고
입환 작업이 특히 빈번한 구내	20%	구내배선이 6선 이상
기타 역구내	10%	구내배선이 5선 이상

1-11-10 유해별 할증률

고온, 고 압력기기 접근작업, 특 고압 OF케이블 접속작업 30%
고열, 미탄실, 발화연료 보관실, 위험물, 독극물의 보관실내 작업 20%
정화조, 축전지실, 제빙실내 등 유해가스 발생장소 10%

1-11-11 긴급공사에 대한 할증률

재해, 돌발사고 등의 조기 복구와 고장예방을 위하여 단시간에 인력과 장비를 동원하여 긴급공사를 강행할 경우 긴급할증률을 20%까지 계상할 수 있다. 다만, 작업조건, 긴급성, 위험성을 고려하여 10%까지 추가 가산할 수 있다.

1-11-12 특수작업 할증률

1. 작업의 중요성 또는 특별한 시방에 따라 특별한 기술과 안전관리 등을 위하여 기술원(기술사, 기사, 특수자격자, 특수기능사 및 안전관리자 등) 및 감독원이 투입될 때는 필요에 따라 본 작업에 대하여 5~10%까지 계상할 수 있다.

(1) 중요기기 및 공작물의 분해 가공 또는 조립작업
(2) 특별한 사양 및 공법에 의한 작업
(3) 기타 중요한 기기 및 공작물을 취급하는 작업

2. 작업조건이 특별한 작업 조를 편성하여 작업하여야 할 때는 각 작업 조에 따라 기술원 또는 감독원 1인을 계상할 수 있다.

3. 전공장의 배치

작업조건에 따라 전공장을 공사현장에 배치할 때는 별도 계상한다.

1-11-13 원거리작업등 할증률

원거리작업, 계속이동작업, 분산작업 시에 집합장소로부터 작업 장소까지 도달하기 위하여 상당한 왕복시간(열차, 차량, 도보)이 요하거나 또는 작업장소가 분산되어 있어 이동에 상당한 시간이 요하여 실 작업시간이 현저하게 감소될 경우 다음의 계산식에 의한 할증을 50%까지 가산한다.

단, 상기 도달시간 또는 이동시간이 왕복 1시간 이내의 경우는 특별한 경우를 제외하고는 적용될 수 없다.

$$\frac{t}{8-t} \times 100\ [\%]$$

(t : 왕복에 소요되는 시간에서 1시간을 초과하는 부분의 시간)

1-11-14 소단위작업 할증률

공사대상이 소규모인 경우 인력과 장비의 활용저하 보완을 위하여 주 작업 단위(본, 개)를 기준으로 다음과 같이 가산하여 적용(부대설비 포함)한다.

단위	1~3	4~5	6~10
할증률	50% 까지	30% 까지	10% 까지

1-11-15 휴전시간별 할증률

구분	할증률
1일 2시간 휴전 시	35%
1일 3시간 휴전 시	30%
1일 4시간 휴전 시	25%
1일 5시간 휴전 시	20%
1일 6시간 휴전 시	10%
1일 7시간 휴전 시	0%

1-11-16 할증의 중복 가산요령

W = P × (1 + a1 + a2 + a3 + ⋯ + an)

W : 할증이 포함된 품

P : 기본품 또는 각장 해설란의 필요한 증감 요소가 감안된 품

a1~an : 품 할증요소

1-12 주요 자재

1. 공사에 대한 주요자재의 관급은 국가를 당사자로 하는 계약에 관한 법률시행규칙(제83조) 및 기획재정부의 계약예규 등 관계규정이나 계약조건에 따른다.

2. 자재구입은 필요에 따라 규격서(시방서)를 작성하고 그 물건의 기능, 특징, 용량, 제작방법, 성능, 시험방법, 부속품 등에 관하여 명시하여야 한다.

3. 국내에서 생산되는 자재를 우선적으로 사용함을 원칙으로 하고 그 중에서도 KS규격품을 우선한다.

4. KS규격에 없는 제품 사용 시에는 공사조건에 맞는 관련규격 외국규격 등) 및 시방 등을 검토하여 준용토록 한다.

1-13 재료 및 자재단가

1. 전기공사용 자재 및 자재단가의 결정은 거래실례가격을 기준 한다.(거래실례가격이 없는 경우에는 통계법을 기준하며, 기타의 경우 국가를 당사자로 하는 계약에 관한 법률 시행규칙에 따른다.)

2. 재료 및 자재단가에 운반비가 포함되어 있지 않은 경우 구입 장소로부터 현장까지의 운반비를 계상한다.

1-14 발생재의 처리

1. 작업부산물 및 기타 발생재의 처리는 다음 표에 의하여 그 대금을 설계당시 미리 공제한다. 단, 시멘트공포대 및 목제공드럼은 작업부산물에서 제외하되 현장으로부터 운반하여 폐기처리한다.

품명	공제율
직업부산물	90%
토막강재	70%
기타발생재	발생량

2. 시공도중 발생되었거나 수량의 변동을 가져왔을 경우에는 설계 변경하여야 한다.

1-15 소운반

품에서 규정된 소운반이라 함은 20m 이내의 수평거리를 말하며 소운반이 포함된 품에 있어서 소운반거리가 20m를 초과할 경우에는 초과분에 대하여 이를 별도 계상하며 경사면의 소운반 거리는 직고 1m를 수평거리 6m의 비율로 본다.

1-16 제경비

공사원가에 대한 경비 계상은 기획재정부 계약예규인 원가계산에 의한 예정가격 작성기준 또는 실적공사비에 의한 예정가격 작성기준에 따른다.

1-17 산업안전보건관리비

작업현장에서 산업재해 예방에 필요한 비용인 산업안전보건관리비는 산업안전보건법에 의거, 별도 계상한다.

1-18 산업재해보상보험료 및 기타

1. 공사원가계산에 있어 간접노무비, 경비, 일반관리비, 이윤과 산업재해보상보험료, 고용보험료, 국민연금보험료, 국민건강보험료 및 기타 이와 유사한 사항은 기획재정부 계약예규와 산업재해보상보험법 등 관계 규정에 따른다.
2. 시공과정에서 필요로 하는 보상비(직접, 간접 및 일시 보상 등)는 현장 실정에 따라 별도 계상할 수 있다.

1-19 품질관리비

해당 계약목적물의 시공을 위하여 전기사업법 및 관계법령 등이나 계약조건에 의하여 품질시험이 요구되는 실제 소요되는 비용을 계상한다.

1-20 운반차량의 구분

1. 공사용 자재의 운반차량은 덤프트럭을 원칙으로 하되 훼손의 위험이 있는 기자재는 화물자동차로 운반한다.(다만, 전주 등 장척물의 경우는 자동차의 길이가 적재하고자 하는 장척물 길이의 10/11 이상인 차종으로 운반한다.)
2. 화물자동차의 운반비는 화물자동차의 차량손료 방식으로 운반비를 산출한다.(다만, 가격조사기관에서 발행하는 물가정보지 가격이 있는 경우에는 『전세차량 비에 의한 운반비 방식』으로 산출할 수 있다.)

[산정공식]

1. 전세차량 비에 의한 운반비 산출

(가) 차량운반비(원) = (계산차량대수 × 전세차량 비) + 총 상하차임

계산차량대수 = $\frac{1}{480}[T_1 + T_2]$

T_1(총 주행 소요시간 : 분) = $[\frac{L}{V_1}(1+\alpha)+\frac{L}{V_2}]\times 60\times N$

L : 운반거리(편도) ㎞

V_1 : 적재 시 평균속도 ㎞/hr

V_2 : 공차 시 평균속도 ㎞/hr

N(대수) : $\frac{\text{총 운반할 자재중량}}{\text{사용차량의 적재능력}}$

T_2 : 적상하 시간(분)

α : 품목별 할증률 및 할인율(국토해양부 운임 및 요 금표상의 할증 및 할인해당분에 한함)

(나) 전세차량 비는 구역화물, 차종별, 전세운임 적용

(다) 총 중량 1ton 이하의 운송비는 용달운임차량을 이용할 수 있는 지역은 용달운임을 적용

2. 운반도로와 평균 주행속도(km/h)

도로상태	평균 속도	
	적재	공차
1차선의 교차가 힘든 산간지 도로	10	10
2차선 이상의 산간지 미포장도로	15	15
2차선 이상의 교통량 및 교통대기가 많은 시가지	20	20
포장도로(7,000대/일 이상), 2차선 이상의 미포장도로, 2차선 이상의 시가지 포장도로 (7,000~2,000대/일)	25	25
2차선 이상의 교외 포장도로 (2,000대/일 이상)	25	30
2차선 이상의 포장도로 (2,000대/일 미만)	35	35
2차선 고속도로	50	50
4차선 고속도로	60	60

3. 화물자동차 차량손료 방식 운반비 산출

(가) 차량운반비 = 자재운반비 + 대기료 + 총 상하차임

① 자재운반비 = 차종별 운행시간당 손료 × 총 주행시간(H_1)

○ 차종별 운행시간당 손료 = 시간당 차량손료 + 시간당 유류비 + 시간당 운전사 노임

○ 시간당 차량손료 = 차량가격(공장도 가격) × (상각비계수 + 정비비계수 + 관리비계수) × 10^{-7}

시간당 유류비 = 시간당 주 연료소모량 × 유류단가 × (1+θ)

단, θ : 잡재료율

○ H_1 (총 주행시간 : h) = $\left(\frac{L}{V_1}+\frac{L}{V_2}\right)\times N$

L : 운반거리(편도) ㎞

V_1 : 적재 시 평균속도 ㎞/h

V_2 : 공차 시 평균속도 ㎞/h

N(대수) : $\frac{\text{총운반할자재중량(톤)}}{\text{사용차량의적재능력(톤)}}$

② 대기료 = 차종별 대기 시간당손료 × 적상하 시간(H_2)

○ 차종별 대기 시간당손료 = 시간당 차량손료 + 시간당 운전사 노임

○ H_2: 적상하 시간(hr)

(나) 화물자동차 차량손료 및 운전경비 산정

1) 화물자동차 차량손료 산정

차량명	규격(ton)	내용시간	연간표준가동시간	상각비율	정비비율	연간관리비율	시간당(10^{-7})			
							상각비계수	정비비계수	관리비계수	계
화물자동차	1	11,300	1,620	0.9	0.25	0.14	796	221	530	1,547
	2	11,300	1,620	0.9	0.25	0.14	796	221	530	1,547
	2.5	11,300	1,620	0.9	0.25	0.14	796	221	530	1,547
	3.5	11,300	1,620	0.9	0.25	0.14	796	221	530	1,547
	4.5	11,300	1,620	0.9	0.25	0.14	796	221	530	1,547
	5	11,300	1,620	0.9	0.25	0.14	796	221	530	1,547
	7	11,300	1,620	0.9	0.25	0.14	796	221	530	1,547
	8	11,300	1,620	0.9	0.25	0.14	796	221	530	1,547
	8.5	11,300	1,620	0.9	0.25	0.14	796	221	530	1,547
	9.5	11,300	1,620	0.9	0.25	0.14	796	221	530	1,547
	11.5	11,300	1,620	0.9	0.25	0.14	796	221	530	1,547

2) 화물자동차 운전경비 산정

차량 명	규격(ton)	시간당 주 연료 소모량(l/hr)	잡재료율	운전사(인/일)
화물 자동차	1	4.4	0.2	1
	2	4.3	0.2	1
	2.5	4.9	0.2	1
	3.5	4.9	0.2	1
	4.5	6.2	0.2	1
	5	6.3	0.2	1
	7	6.8	0.2	1
	8	7.9	0.2	1
	8.5	8.1	0.2	1
	9.5	10.9	0.2	1
	11.5	11.4	0.2	1

【해 설】

① 주 연료의 시간당 소비량은 실 작업시간 50/60을 각각 기준으로 하여 산정한 것임.

② 주 연료는 경유를 말하며, 경유가 아닌 다른 연료를 사용하는 화물 자동차를 전세할 때는 그에 적합한 연료를 적용하여 계상한다.

③ 잡재료율은 엔진유, 기어유, 유압유, 구리스, 넝마 등의 시간당 소비량을 주 연료의 비율로 표기한 것임.

(다) 운반과정에서 물량형편으로 화물자동차 1대분에 미달하여 단수가 생길 때에는 1대분으로 계상한다.

1-21 분해조립비

분해 및 조립을 필요로 하는 기계는 이에 소요되는 경비를 계상한다.

1-22 공구손료

1. 공구손료는 일반 공구 및 시험용 계측기구류의 손료로서 공사 중 상시 일반적으로 사용하는 것을 말하며, 직접 노무비(노임할증과 작업 시간 증가에 의하지 않은 품 · 할증 제외)의 3% 까지 계상한다.

2. Chain Hoist, Block, Pipe Expander, Straight Edge, 절연내압시험기, 변압기, 탈기기, 자동전압조정기, Synchro scope, Potentiometer 등 특수공구 및 특수시험 검사용 기구 류의 손료산정은 경장비 손료에 준한다.

1-23 경장비손료

1. 전기용접기, 그라인더, 윈치 등 중장비에 속하지 않는 동력장치에 의해 구동되는 장비류의 손료를 말하며 별도 계상한다.

2. 경장비의 시간당 손료에 대하여는 기계경비 산정 표에 명시된 가장유사한 장비의 제수치(내용시간, 연간 표준 가동시간, 상각비율, 정비비율, 연간관리비율 등)를 참조하여 계상한다.

1-24 잡재료 및 소모재료

잡재료 및 소모재료는 설계내역에 표시하여 계상한다.

① 잡재료

재료비의 산출에는 필요한 재료를 가능한 한 품목별로 계상하는 것을 원칙으로 하고 있으나 소량이나 소금액의 재료는 명세서 작성이 곤란하므로 잡재료로 일괄 계상한다. 잡재료에는 Bolt류(지름 10㎜, 길이 10㎝ 이하), Nut류(지름 10㎜이하), Plug류, 소나사(지름 10㎜, 길이 5㎝ 이하), 목나사, 단자류(8㎟이하), 못, Sleeve, Staple, Saddle, 보수재료 등이 포함된다.

② 소모재료

작업 중에 소모하여 없어지거나 작업이 끝난 후에 모양이나 형태가 변하여 남아 있는 재료로서 땜납, Paste, 테이프류, Gasoline, Oil, 절연니스, 방청도료, 용접봉, 왁스, 아세틸렌가스, 산소가스 등이 포함된다.

③ 제5장 내선설비공사 부문에서 계상이 어렵고 금액이 근소한 소모품에 대해서는 직접재료비(전선, 케이블 및 배관자재비)의 2~5%까지 계상할 수 있다.

1-25 경운기 운반 및 적상하 시간 기준

[가] 경운기 운반비 산출 공식

(1) 기본공식

$$\text{운반비} = A \times M \times [(\frac{L}{V_1} + \frac{L}{V_2} + t + t_1) \div 60]$$

여기서

A : 경운기 기계경비(시간당)-토목품셈 제11장 기계경비 산정편 준용(운전원, 적상하시 보통인부 및 연료비는 별도 가산)

M : 필요한 경운기 대수 $M = \frac{\text{총 운반량}(kg)}{\text{1대당 1회 운반량}(kg)}$

L : 운반거리 (m)

V_1 : 적재 시 속도 (m/분)

V_2 : 공차 시 속도 (m/분)

t : 적상적하시간 (분)

t_1 : 준비 작업시간 (3분/1회) (1회 운반 량은 1,000kg/대당)

(2) 적재 공차 시 속도

구분 / 종류	평균주행속도(m/분)									
	적재(V_1)					공차(V_2)				
	양호	보통	불량	매우 불량	극히 불량	양호	보통	불량	매우 불량	극히 불량
토사류 · 석재류	83	57	35	15	5	117	83	57	17	5
애자류	69	52	31	15	5	117	83	57	17	5
철재류 · 금구류	77	54	32	15	5	117	83	57	17	5
시멘트류	76	55	31	15	5	117	83	57	17	5

[도로상태 구분]

양호 : 운반로가 구배가 없고 평탄할 경우

보통 : 운반로가 약간 요철이 있는 경우

불량 : 운반로가 습지, 모래질, 자갈질, 암반 등 운반에 지장이 있을 경우

매우불량 : 운반로가 임야지로 진입로 개설 개소로서 경사도 7~15%일 경우

극히불량 : 운반로가 임야지로 진입로 개설 개소로서 경사도 15% 초과일 경우

(3) 경사지 운반 환산계수(α) : 1-25 인력운반 및 적상하 시간기준

[가] (3)항 적용

[나] 품종별 적상하 기준

품종별	단위	편성인원	시간(분)		보통인부
			적상	적하	
토사류	톤	2인	12	10	0.092
석재류	톤	2인	15	11	0.108
애자류	톤	6인	13	9	0.31
철재 및 금구류	톤	6인	12	8	0.25
시멘트류	톤	6인	15	10	0.31

【해 설】

① 삽작업이 가능한 토석재를 기준으로 한다.

② 절취는 별도 계상한다.

1-26 시공직종

1. 기술자 및 관리자

가. 현장기술자(기사, 산업기사)의 품은 표준품셈에 명시된 바에 따라 계상한다.

나. 직접 작업에 종사하지는 않으나, 공사현장에서 보조 작업에 종사하는 감독, 공사관리자, 현장사무소직원 등 간접인력에 대한 품은 계약예규의 간접노무비율 범위 내에서 계상한다.

다. 기사, 산업기사의 적용구분은 관계법령 또는 규정에 따라 계상한다.

2. 직공구분

직종	작업구분
플랜트 전공	발전설비 및 중공업설비의 시공 및 보수
변전 전공	변전설비의 시공 및 보수
계장공	플랜트 프로세스의 자동제어장치, 공업제어장치, 공업계측 및 컴퓨터 등 설비의 시공 및 보수
송전 전공	철탑(배전철탑 포함) 등 송전설비의 시공 및 보수
배전 전공	전주 및 배전설비의 시공 및 보수
내선 전공	옥내배관, 배선 및 등구류설비의 시공 및 보수
특고압케이블전공	특고압케이블 설비의 시공 및 보수(7kV 초과)
고압케이블전공	고압케이블 설비의 시공 및 보수 (교류 600V 초과 7kV이하, 직류 750V 초과 7kV 이하)
저압케이블전공	저압 및 제어용케이블 설비의 시공 및 보수 (교류 600V 이하, 직류 750V 이하)
송전활선전공	송전전공으로서 활선작업을 하는 전공
배전활선전공	배전전공으로서 활선작업을 하는 전공
전기공사기사	전기공사업법에 의한 전기기술자로서 전기공사의 시공 및 관리
전기공사산업기사	전기공사업법에 의한 전기기술자로서 전기공사의 시공 및 관리

※ 플랜트란 철강, 석유, 제지, 화학 및 발전 등의 프로세스공업에서 일반적으로 원료나 에너지를 공급하여 소요의 물질이나 에너지를 얻기 위하여 필요한 물리적, 화학적 작용을

행하는 장치를 말한다.

※ 송전전공은 고소작업을 하는 직종으로 위험할증률(고소작업)별도 적용안함.

1-27 자재보관 및 관리품

전기공사에 소요되는 자재의 보관을 필요로 하는 경우에는 관련 비용을 별도로 가산할 수 있다.

1-28 공장가공 간접비

1. 철골, 철재, 강재 등을 공장에서 가공시의 공장간접비는 소재관급시는 직접노무비의 75%까지, 소재 업자 부담 시는 직접공사비의 17%까지 계상할 수 있다.
2. 공장간접비 = 간접재료비 + 간접노무비 + 간접경비 + 시험비 + 도면비 등
3. 직접공사비 = 직접재료비 + 직접노무비

1-29 종합 시운전 및 조정비

공사 완료 후 각 기기의 단독 시운전이 끝난 다음에 장치나 전기설비전체의 종합적인 시운전 및 조정을 위하여 필요한 품은 별도로 계상한다.

1-30 금액의 단위표준

종목	단위	지위(止位)	비고
설계서의 총액	원	1,000	이하 버림
설계서의 소계	원	1	이하 버림
설계서 금액란	원	1	이하 버림
일위대가표의 계금	원	1	이하 버림
일위대가표 금액란	원	0.1	이하 버림

1-31 화물자동차의 적재량

1. 중량으로 적재할 수 있는 품종에 대하여는 중량적재를 하는 것을 원으로 한다.
2. 중량적재가 곤란한 것에 대하여는 적재할 수 있는 실측치에 의한다.
3. 화물자동차의 적재량은 중량적재나 용량적재 그 어느 쪽의 제한범위도 벗어나지 않도록

해야 하며, 운반로의 종별(공도 · 사도)및 상태에 따라 달라질 수 있다.

4. 화물자동차의 적재량은 중량으로 적재하거나 특수한 품목을 제외하고는 일반적으로 다음의 값을 기준으로 한다.

종별	규격	단위	적재량			비고
			8톤 차량	11톤 차량	20톤 트레일러	
전주	10m(일반용)	본	-	12	23	
	체신주 8m	〃	17	23	43	
콘크리트 전주	8m	본		20	37	
	9m	〃		16	29	
	10m	〃		12	23	
	11m	〃		11	20	
	12m	〃			17	
	13m	〃			14	
	14m	〃			13	전장 13m이상 차종적용
	15m	〃			11	〃

1-32 기계시공 적용기준

1. 기계장비 선정

가. 작업종류별

작업종류	기계장비종류
콘크리트주 및 강관주 건주 Pole Light주 건주, 배전변압기 및 개폐기류	오가크레인(5톤) 트럭 탑재형 크레인(5톤)
154kV, 345kV GCB	트럭 탑재형 크레인(35톤)
활선작업, Pole Light등기구	절연바켓트럭(5톤)
지중케이블 포설	Winch(3톤, 20톤)

나. 표준기계장비 규모를 기준하여 설계 시 적정공사비 산정과 기계시공의 합리적인 발전을 위해 당해 공사규모 및 현장조건을 감안시공방법을 선정한다.

2. 수송

가. 기계장비의 공사현장까지의 왕복수송비는 기계장비의 소재를 알 수 없는 경우는 공사장에서 가장 가까운 시 · 도 · 군 · 구청 소재지(서울특별시, 광역시 포함)로부터 공사현장까지의

수송에 필요한 경비(공인된 수송비, 인건비 등 포함)를 계상한다. 다만, 부득이 곤란한 경우는 기계가 소재한다고 인정되는 가장 가까운 시 · 도 · 군 · 구청 소재지로부터의 수송비를 계상할 수 있다. 이때, 왕복수송비에는 시내에서 작업현장까지의 이동에 따른 비용이 포함되어야 한다.

나. 자주식 건설기계로서 자주로 이동할 경우의 수송비는 다음의 이동 속도를 기준하여 수송비를 계상하며, 이때의 경비는 기계 장비 사용료와 운전경비의 합계액으로 한다.

기종 / 도로구분	오가크레인, 크레인트럭 절연바켓트럭, 윈치하부트럭	비고
포장도로	30km/h	
비포장도로(양호)	15km/h	
비포장도로(불량)	10km/h	

다. 운전사 노임

운전사(건설기계운전사, 화물차운전사, 일반기계운전사, 건설기계조장)의 노임은 상시 고용일 경우에 월정액을 지급함을 원칙으로 하며, 예정가격 작성기준(기획재정부 계약예규)에 의거 계상한다. 단, 기계장비 특성상 신호할 사람이 필요할 경우 보통인부를 추가 계상할 수 있다.

라. 기계경비의 보정

기계운전시간이 현장조건 및 공정계획상 연간표준 가동시간보다 현저하게 저하될 경우에는 기계손료 중 관리비와 운전경비 중 인건비를 별도 산정할 수 있다.

마. 유류 가격은 해당지역의 고시가격으로 한다.

바. 기타사항은 표준품셈 토목부문 제10장 (기계화시공)을 준용한다.

1-33 기계장비 작업능력 산정

기본식 $T=\frac{T_C}{F}$

여기서 T : 작업계수 적용 산정 후 1대당(본, 개, 개소, ㎞) 작업소요시간(분)

T_c : 1대당(본, 개, 개소, ㎞) $F=1.0$에서의 작업소요시간(분)

F : 작업계수

2. 건조 작업계수

현장상태	건주작업현장조건	F
양호	1) 현장이 넓으며, 토질이 좋고 장애물과 지하 매설물이 없는 경우	0.9
보통	1) 현장이 협소하며, 장애물과 지하매설물이 없는 경우 2) 현장이 넓으며, 장애물이 있고 지하매설물이 없는 경우 3) 현장이 넓으며, 장애물이 없고 지하매설물이 있는 경우	0.7
다소불량	1) 현장이 넓으며, 장애물과 지하매설물이 있는 경우 2) 현장이 협소하며, 장애물이 있고 지하매설물이 없는 경우 3) 현장이 협소하며, 장애물이 없고 지하매설물이 있는 경우 4) 현장이 매우 협소하며, 장애물과 지하매설물이 없는 경우	0.6
불량	1) 현장이 협소하며, 장애물과 지하매설물이 있는 경우 2) 현장이 매우 협소하며, 장애물이 있고 지하매설물이 없는 경우 3) 현장이 매우 협소하며, 장애물은 없으나 지하매설물이 있는 경우	0.4
매우불량	1) 현장이 협소하며, 지하에 물이 나고 장애물이 있으며, 지하매설물이 2종류 이상 있는 경우	0.3

【해 설】

① 넓은 지역이란 도로 폭이 3차선(편도) 이상 되는 지역을 말한다.

② 협소한 지역이란 도로 폭이 2차선(편도) 이하의 지역을 말하며, 매우 협소한 지역이란 도로 폭이 6m 이하인 지역을 말한다.

③ 장애물이란 건물, 시설구조물(전선로 포함) 등으로 안전 관리를 요하는 것을 말한다.

④ 지하 매설물이란 다음에 준하는 것으로, 굴착작업 시 안전 관리를 요하는 것을 말한다. 상수도관, 하수도관, Gas관, 통신케이블, 가로등용케이블, 지중전력선, 기타 지하매설물 등

⑤ 지하매설물 유무는 표면상태(지중공사실적 참조)에 따라 추정 설계하고 시공 중 확인된 상태에 따라 설계 변경하여야 한다.

⑥ 작업계수(F)는 공량 및 기계사용 시간에 모두 적용하며, 이 계수 적용 시는 주택가, 번화가 할증은 적용하지 아니한다.

3. 건주공사 외(활선작업, 차단기, 변압기, 지중케이블, Pole Light건주 등)의 작업계수(F)

현장상태	작업현장조건	F
양호	현장이 넓으며 장애물이 없는 경우	0.9
보통	1) 현장이 협소하며, 장애물이 없는 경우 2) 현장이 넓으며, 장애물이 있는 경우	0.7
불량	1) 현장이 협소하며, 장애물이 있는 경우 2) 현장이 매우 협소한 경우	0.6

【해 설】

① 넓은 지역이란 도로 폭이 3차선(편도) 이상 되는 지역을 말한다.

② 협소한 지역이란 도로 폭이 2차선(편도) 이하의 지역을 말하며, 매우 협소한 지역이란 도로 폭이 6m이하인 지역을 말한다.

③ 장애물이란 건물, 시설구조물(전선로 포함) 등으로 안전 관리를 요하는 것을 말한다.

④ 작업계수(F)는 공량 및 기계사용 시간에 모두 적용하며, 이 계수 적용 시는 주택가, 번화가 할증은 적용하지 아니한다.

1-34 기계장비의 경비 산정

1. 용어와 정리

(1) 상각비 : 기계의 사용에 따르는 가치의 감가액을 말한다.

(2) 정비비 : 기계를 사용함에 따라 발생하는 고장 또는 성능 저하 부분의 회복을 목적으로 하는 분해수리 등 장비와 기계기능을 유지하기 위한 정비 또는 수시 정비에 소요되는 비용을 말한다.

(3) 정비비율 : 기계의 경제적 내용 시간 동안에 소요되는 정비비누계액의 기계 취득 가격에 대한 비율을 말한다.

(4) 관리비 : 보유한 기계를 관리하는데 필요로 하는 이자 및 보관 격납비용을 말한다.

(5) 연간관리비율 : 연간 소요되는 기계관리비의 평균 취득가격에 대한 비율을 말한다.

(6) 평균 취득 가격

$$\text{취득가격} \times \frac{1.1 \times \text{경제적내용년수} + 0.9}{2 \times \text{경제적내용년수}}$$
로 계산한 값을 말한다.

(7) 취득가격 : 수입가격에 대하여는 C.I.F 가격에 인정할 수 있는 수입에 따르는 제경비를 포함한 가격으로 하고 국산기계는 표준규격에 의한 표준시가로 한다.

(8) 경제적 내용 시간 : 잔존율이 취득 가격의 10%인 경우에 경제적 사용이 가능하다고 인정되는 운전시간을 말한다.

(9) 잔존율 : 경제적 내용 시간이 끝날 때의 기계 잔존가치의 취득 가격에 대한 비율을 말하며 0.1로 한다.

(10) 연간표준 가동시간 : 기계가 연간 운전하는데 가장 표준이라고 인정되는 시간을 말한다.

(11) 경제적 내용 년 수 : 경제적 내용시간을 연간표준 가동시간으로 나눈 값을 말한다.

(12) 시간당 손료 : 손료 산정의 시간당 손료 계수 · 합계에는 시간당 상각비계수, 정비비계수 및 평균 취득 가격에 의한 시간당 관리비 계수가 포함된 것으로서 시간당 손료는 취득 가격에 시간당 손료계수의 합계 율을 곱한 값을 말한다.(원 미만의 값은 절사한다.)

2. 경비적산요령

(1) 기계경비 : 기계손료, 운전경비 및 수송비의 합계액으로 하되 특별히 필요하다고 인정될

때에는 조립 및 분해조립비용을 포함한다.

(2) 기계손료 : 상각비, 정비비 및 관리비의 합계액으로 한다.

다만, 관리비에 대하여는 1일 8시간을 과할 경우라도 8시간으로 계산하여야 한다.

(3) 운전경비 : 기계를 사용하는데 필요한 다음 각 호 경비의 합계액으로 한다.

(가) 연료, 전력, 윤활유 등

(나) 운전수의 급여 또는 임금과 기타 운전 노무비

(다) 정비비에 포함되지 않는 소모품비

(라) 기계장비 특성상 신호할 사람이 필요할 경우 보통인부를 추가 계상할 수 있다.

(4) 기계장비 가격

(가) 기계장비가격은 국산기계는 공장도 가격(원)으로, 도입기계는 달러화($)로 표시하고 연도초 최초로 외국환은행이 고시하는 환율을 적용 시행한다. 단, 3% 이상의 증감이 있을 때에는 건설기계 가격을 조정할 수 있다.

(나) 기계장비 가격을 원화로 환산할 경우에는 1,000원 미만은 절사한다.

(5) 기타사항은 표준품셈 토목부문(기계경비 산정)을 준용한다.

(부가세 불 포함, 단위 : 원)

차량 톤 수	차량 가격
1톤	10,763,636
2톤	24,781,818
2.5톤	25,190,909
3.5톤	30,872,727
4.5톤	42,843,272
5톤	42,438,727
7톤	42,813,000
8톤	60,947,500
8.5톤	59,175,000
9.5톤	76,410,000
11.5톤	80,347,500

(6) 화물자동차 가격표

(다) 특정한 기계장비 및 특정 규격이 사용될 때에는 별도로 제경비를 산정하여 계상한다.

1-35 손료 산정

기계장비 시간당 계수

구분 / 장비 명	규격 (톤)	내용 시간 (hr)	연간표준 가동시간 (hr)	상각 비율	정비 비율	연간 관리 비율	시간당(10^{-7})			
							상각비 계수	정비비 계수	관리비 계수	계
오가크레인	5	4,750	950	0.9	0.7	0.14	1,894	1,473	943	4,310
트럭탑재형 크레인	5	7,000	1,000	0.9	0.45	0.14	1,285	642	860	2,787
	25	9,800	1,400	0.9	0.7	0.14	918	714	614	2,246
	35	12,600	1,400	0.9	0.7	0.14	714	556	600	1,870
절연바켓트럭	5	9,000	1,500	0.9	0.7	0.14	1,000	778	583	2,361
덤프트럭	2.5	6,000	2,000	0.9	0.96	0.14	1,500	1,600	490	3,590
윈치	3	8,000	1,000	0.9	1.2	0.14	1,125	1,500	848	3,473
	10	8,000	1,000	0.9	1.2	0.14	1,125	1,500	848	3,473
	20	8,000	1,000	0.9	1.2	0.14	1,125	1,500	848	3,473
카고 트럭	8	6,400	2,000	0.9	0.96	0.14	1,406	1,500	483	3,389
레커	5	7,000	1,000	0.9	0.45	0.14	1,285	642	860	2,787
모터카(중형)	30	10,000	667	0.9	1.00	0.14	31,500	35,000	42,608	109,108
진공펌프		11,000	1,100	0.9	0.3	0.14	818	273	757	1,848
오일정제기		11,000	1,100	0.9	0.3	0.14	818	273	757	1,848
테이핑기		11,000	1,100	0.9	0.3	0.14	818	273	757	1,848
가류가마		11,000	1,100	0.9	0.3	0.14	818	273	757	1,848
SRC삽입기		6,850	685	0.9	0.3	0.14	1,313	437	1,216	2,966
항온항습기		11,000	1,100	0.9	0.3	0.14	818	273	757	1,848
Caterpillar	MC-350	11,000	1,100	0.9	0.3	0.14	818	273	757	1,848
	MC-1000	11,000	1,100	0.9	0.3	0.14	818	273	757	1,848

【해 설】

① 진공펌프, 오일정제기, 테이핑기, 가류가마, SRC삽입기, 항온항습기, Caterpillar의 운전경비는 이 품에 포함.

1-36 운전경비 산정

장비연료 및 운전원

장비명	규격(톤)	주연료(L/hr)	잡재료:주연료의 %	조종원(인/일)
오가크레인	5	6.1	38	1
트럭탑재형 크레인	5 25 35	6.4 7.7 9.7	16 31 31	1 1 1
절연바켓트럭	5	7.2	35	1
덤프트럭	2.5	3.8	44	1
윈치	3 10 20	3.0 7.6 16.3	20 20 20	1 1 1
카고 트럭	8	12.4	44	1
렉카	5	6.4	35	1
모터카(중형)	30	25.6	20	1

【해 설】

① 운전경비는 주 연료(잡재료 포함)와 운전원(조종원 포함) 인건비의 합계액으로 한다.

② 보조 엔진에 사용되는 유류는 위 표에 포함되어 있음.

③ 기계장비를 공사현장까지 왕복수송 시 운전원, 조수 및 연료비는 별도 계상

④ 주 연료는 시간당 소비량을 말하며, 엔진부하율(Load Factor) 70~80%, 실 작업시간은 50/60을 각각 기준으로 하여 산정한 것임.

⑤ 주 연료란에 휘발유 및 중유로 표시되지 아니한 것은 경유를 말함.

⑥ 잡재료는 엔진유, 기어유, 유압유, 구리스, 넝마 등으로 시간당 소비량을 주 연료비의 비율로 표기한 것이며, 삽날, 타이어의 소모율이 포함된 것임.

⑦ 기계장비 특성상 신호할 사람이 필요할 경우 보통인부를 추가계상 할 수 있다.

⑧ 배전활선작업 시 절연바켓트럭 조종원은 제외한다.

※ 장비가격은 기획재정부 계약예규에 따라 승인된 전문가격조사 기관에서 조사한 가격정보 참조

1-37 기계 터파기(유압식 백호)

$$Q = \frac{3600 \times q \times k \times f \times E}{cm}$$

여기서 Q : 시간당 작업량(m^3/hr)
E : 작업효율
q : 버킷용량(m^3)
k : 버킷계수
f : 체적환산계수
cm : 1회 사이클 시간(초)

【해 설】

① 가로등 공사의 줄터파기 등 현장여건상 불가피하게 정규버킷 대신 세미 버킷을 사용하는 경우 버킷용량(m^3)은 굴삭기 규격(m^3)의 50%를 적용한다.

② 각종 계수 및 운전경비는 토목부문 표준품셈을 적용한다.

1-38 구내 및 수전설비

1. "구내"라 함은 벽, 울타리, 도랑 등으로 구분된 지역 또는 시설자 및 그 관계자 이외의 사람이 출입할 수 없는 지역 또는 지형 상 사회 통념상 이에 따르는 장소를 말한다.

2. "수전설비"라 함은 타인의 전기설비 또는 구내발전설비로부터 전기를 공급받아 구내배전설비로 전기를 공급하기 위한 전기설비 로서 수전지점으로부터 배전반(구내 배전 설비로 전기를 배전하는 전기설비를 말한다)까지의 설비를 말한다.

1-39 컨테이너형 가설 자재창고 설치

"건설공사 표준품셈 2-2-3 콘테이너형 가설건축물" 준용

1-40 현장시공 상세도면의 작성

공사의 시공을 위하여 현장에서 시공상세도면(입체도면 포함)을 작성하는 경우에는 이에 필요한 인건비, 소모품비 등 소요비용을 별도 계상한다.

02

> 견적종류 및 전기공사 종류

2. 견적이란

2-1 적산과 견적

설계자가 시공주나 사용자의 요구에 따라 관계법령을 참조하여 도면, 명세서를 작성하여 이 도면, 명세서의 의해 각종 재료의 수량이나 단가 등의 필요한 경비를 조사 총 공사비를 산출한 것을 견적[6] 또는 적산[7]이라 한다. 일반적으로 제조업종은 계획생간으로 성능에 따라 발주하는데 비해 건축 산업은 청부제도에 의해 수주생산하고 도면사양서[8]에 시공방법의 과정을 명시하고 있으며 건축공사의 견적은 다른 산업애서는 없는 건축 산업 독자적인 것으로 그 건축물의 전기공사 내용을 완전히 이해해야만 정확한 견적을 할 수 있으므로 견적은 매우 중요하다.

2-2 견적의 중요성

적산에 의하여 산출한 공사 원가 중에 중대한 과오가 있으면 공사 가격이 높아지거나 현저히 낮아져 공사의 시공이 어려워진다. 또한 적산에 의하여 얻어진 각종의 정보는 수의 계약을 체결할 때 제출하는 공사비 명세 내역서의 기초 자료가 되고, 발주자 측의 설계의도를 충분히 이해한 것을 표명함은 물론, 공사를 정확히 시공하고 경제적, 합리적으로 관리하기 위하여 편성하는 실행예산의 기준이 되는 중요한 역할을 하게 된다.

2-3 견적의 종류

견적은 크게 개산견적과 세부견적으로 나뉜다.

· 개산견적 - 공사에 필요한 재료 수량이나 노무 수량을 상세하게 산출하지 않고 과거의 공사 실적 자료 등에서 공사비를 개략적으로 작성하는 적산 방법

· 세부견적 - 완비된 설계도서 등을 통하여 면밀히 적산/견적하여 공사비를 산출

2-4 견적 시 주의 사항

견적하기 전 도면, 사양서를 면밀히 검토하여 불명확한 점은 발주자나 설계자에게 문의하여 견적에 들어가기 전에 설계 내용을 명확히 파악해야 하며 또 일반적으로 견적하기 전에 다음 사항을 고려해야 한다.

---

6) 공사량에 단가를 곱하여 공사비를 산출
7) 공사에 필요한 재료 및 품의 수량(공사량)을 산출
8) 시방서(설계 제조 시공 등 도면으로 나타낼 수 없는 사항을 문서로 적어서 규정한 것)

2-4-1 현장설명

견적하기 전 발주자가 현장공사 예정지, 공사계획 등을 설명하고 발주자나 설계자의 의도를 충분히 설명해야 한다. 현장 설명 시 주된 사항은 다음과 같은 것들이다.

1. 도면설명
2. 명세서 설명(공사 범위 별도 공사, 사용 재료, 기계 등의 지정메이커, 견적 구분)
3. 계약조건(공사기간, 지불조건 및 지급 재료 등)
4. 질문 및 해답 일자

2-4-2 현장조사

공사장 부근의 상황을 조사하고, 전력, 전화, 등의 인입선에 대해여 도면을 재확인하고 인입이 지중, 가공을 판단하고 공사장까지 재료의 운반과 기술자들의 교통비, 숙박비, 등을 고려할 필요가 있는지 조사해야 한다. 또한 공사를 할 때 현장 사무소, 창고 등을 지을 택지의 유무 등을 조사해야 한다.

2-4-3 도면, 시방서, 명세서 확인

발주자나 설계사무소에서 도면, 시방서, 명세서를 인수하여 도면, 시방서, 명세서를 비교검토하여 불분명한 점은 완전히 파악할 필요가 있으며 또 건물의 마무리 작업이나 천장의 높이들을 확인하기 위하여 건축 도면도 참고로 요구할 필요가 있다.

2-4-4 건축공법 및 건축공정의 확인

건축물의 공법[9]이나 공정[10]에 따라 전기설비의 시공 방법이나 순서 등이 달라진다. 또 공정에 따라 재료의 반입 시기 작업자의 동원 시기가 달려지며 이를 어떻게 하느냐에 따라 비용 절감이 가능하다.

2-4-5 기기의 결정

필요한 기기를 문의하여 결정하여 미리 발주하여 두지 않으면 필요한 [11]공기에 끝나지 않을 수가 있다.

---

9) 공사 방법
10) 공사 과정
11) 공사기간

2-4-6 견적에 필요한 기구

조명기구, 콘센트, 스위치 및 스피커 등의 수량을 세기 위한 카운터, 탁상계산기, 필기용구, 자, 각 기구 등의 합을 내기 위한 합계용지, 전공 수 계산표, 견적자료 및 가격 월보 등이다.

2-5 전기공사의 종류

발전설비공사
송전설비공사
변전설비공사
배전설비공사
산업시설물의 전기설비공사
건축물의 전기설비공사
구조물의 전기설비공사
도로전기설비공사
공항전기설비공사
항만전기설비공사
철도신호설비공사
전기설비의 설치를 위한 공사(부록참조)

03

> 공사원가 계산법

3. 공사원가 계산

3-1 공사비의 구성

전기 공사비 중은 다수의 원자재, 각종 기계기구, 노무비, 운반비, 기타 등으로 나뉠 수 있다.

이들 비용의 목록은 아래의 그림과 같다.

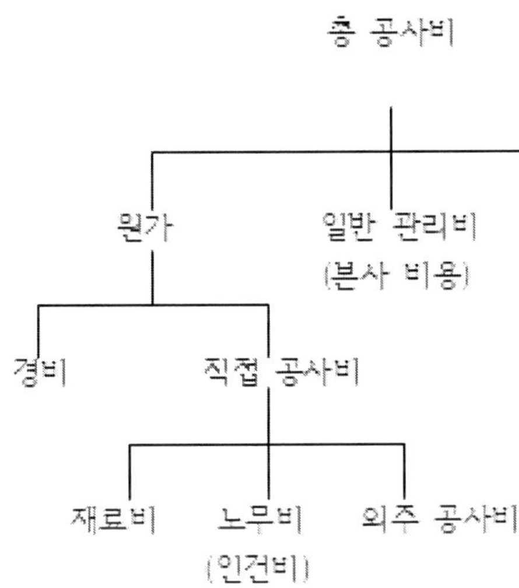

회계예규에 따르면 이윤은 노무비, 경비, 일반관리비의 합계액의 15%를 초과할 수 없다.

회계 예규에 의한 공사 예정가격은 다음과 같다

원가 A

직접노무비 B

운반비 C의 공사 예정가격은

원가	A
직접노무비	B
간접노무비	D = B × 15%
운반비	C
일반관리비	E = (B+C+D) × 7%
관급 자재의 일반 관리비	F = A × 3.5%
이윤	G = (B+C+D+E+F) × 15%
합계	(A+B+C+D+E+F+G) × 부가가치세(10%)

3-2 공사비 원가 계산

공사 원가 = 순 공사 원가(재료비+노무비+경비) + 일반 관리비 + 이윤 + 부가 가치세

1. 재료비 - 재료량 × 단위당 가격

1-1 직접 재료비 - 공사 또는 제조에 직접 소요되는 재료

1-2 간접 재료비 - 원가계산에서 생산된 각 제품에 간접적으로 배부되는 재료비 (보조 재료비, 공장 소모품비 등) × 2~5%

2. 노무비 - 노무량 × 단위당 가격

2-1 직접 노무비 - 공사현장에 직접 투입된 인력의 급료, 직접 노무비는 다음의 합과 같다.

(1) 기본급 - 정상 노동시간 내의 노동에 대해 지불되는 시간당 또는 월당 임금

(2) 제수당 - 기본급의 성격을 가지지 않는 시간외 수당, 야간 수당, 휴일 수당 등 통상적으로 지급되는 금액

(3) 상여금

(4) 퇴직금

2-2 간접 노무비 - 직접 제조 작업에 종사하지 않으나 보조 작업에 종사하는 노무자종업원 또는 현장감독자나 공정관리 부문 또는 설계 부문에 종사하는 자의 노동력의 대가(간접 노무비는 직접 노무비의 15%를 초과하여 계상할 수 없다.)

3-2-1 간접노무비의 계산 방법

간접노무비는 원가 계산 자료를 활용하여 직접노무비의 대하여 간접노무비율을 곱하여 계산한다. 간접 노무비의 계산 방법은 다음과 같다.

1. 직접 계산방법

1) 계상 기준 : 간접노무비 = 간접노무량 × 노무비 단가

2) 계상 방법

· 대상 : 품셈에 따라 계상되는 노무량 제외, 현장 시공과 관련하여 현장 관리 사무소에 종사하는 자의 노무량

· 방법 : 설계도서(도면, 시방서, 현장설명서 등)의 특성에 따라 작성 인원을 설계하여 처리

2. 비율 분석방법

1) 계상 기준 : 간접노무비 = 품셈에 의한 직접노무비 × 간접노무 비율

2) 계상 방법

· 원가 계산 자료(공사 원가 명세서, 임금 대장 또는 직 · 간접노무비 명세서) 확보

· 동 자료에 의해 계산된 간접노무비를 직접노무비로 나누어 간접노무 비율 산출

$$간접노무비율 = \frac{간접노무비}{직접노무비}$$

3) 보완 적용 방법 : 간전 노무비율을 활용하여 간접 노무비 계산가능

구분		간접노무비율(%)
공사종류별	건축공사	14.5
	토목공사	15
	특수공사(포장, 준설 등)	15.5
	기타(전문, 전기, 통신 등)	15
공사규모별	50억 원 미만	14
	50~300억 원 미만	15
	300억 원 이상	16
공사기간별	6개월 미만	13
	6~12개월 미만	15
	12개월 이상	17

3. 경비 - 소요(소비)량 × 단위당 가격

공사의 시공을 위하여 소요되는 공사원가 중 재료비, 노무비를 제외한 원가를 말하며, 기업의 유지를 위한 관리활동부문에서 발생하는 일반관리비와 구분된다.

3-1 경비의 세부목록

1. 전력비, 수도광열비는 계약목적물을 시공하는데 소요되는 해당 비용을 말한다.

2. 운반비는 재료비에 포함되지 않은 운반비로서 원재료, 반재료 또는 기계기구의 운송비, 하역비, 상하차비, 조작비등을 말한다.

3. 기계경비는 각 중앙관서의 장 또는 그가 지정하는 단체에서 제정한 "표준품셈상의 건설기계의 경비 산정 기준에 의한 비용을 말한다.

4. 특허권사용료는 타인 소유의 특허권을 사용한 경우에 지급되는 사용료로서 그 사용비례에 따라 계산한다.

5. 기술료는 해당 계약목적물을 시공하는데 직접 필요한 노하우(Know-how) 및 동 부대비용으로서 외부에 지급되는 비용을 말하며 「법인세법」 상의 시험연구비 등에서 정한 바에 따라 계상하여 사업 초년도 부터 이연 상각하되 그 사용비례를 기준으로 배분 계산한다.

6. 연구개발비는 해당 계약목적물을 시공하는데 직접 필요한 기술개발 및 연구비로서 시험 및 시범제작에 소요된 비용 또는 연구기관에 의뢰한 기술개발 용역비와 법령에 의한 기술개발

촉진비 및 직업 훈련비를 말하며 「법인세법」 상의 시험연구비 등에서 정한 바에 따라 이연상각하되 그 사용비례를 기준하여 배분 계산한다. 다만, 연구개발비 중 장래 계속시공으로서의 연결이 불확실하여 미래 수익의 증가와 관련이 없는 비용은 특별상각할 수 있다.

7. 품질관리비는 해당 계약목적물의 품질관리를 위하여 관련법령 및 계약조건에 의하여 요구되는 비용(품질시험 인건비를 포함한다)을 말하며, 간접노무비에 계상(시험관리인)되는 것은 제외한다.

8. 가설비는 공사목적물의 실체를 형성하는 것은 아니나 현장사무소, 창고, 식당, 숙사, 화장실 등 동 시공을 위하여 필요한 가설물의 설치에 소요되는 비용(노무비, 재료비를 포함한다)을 말한다.

9. 지급임차료는 계약목적물을 시공하는데 직접 사용되거나 제공되는 토지, 건물, 기계기구(건설기계를 제외한다)의 사용료를 말한다.

10. 보험료는 산업재해보험, 고용보험, 국민건강보험 및 국민연금보험 등 법령이나 계약조건에 의하여 의무적으로 가입이 요구되는 보험의 보험료를 말하고, 동 보험료는 「건설산업기본법」 제22조제7항 등 관련법령에 정한 바에 따라 계상하며, 재료비에 계상되는 보험료는 제외한다. 다만 공사손해보험료는 제22조에서 정한 바에 따라 별도로 계상된다. 〈개정 2015.9.21.〉

11. 복리후생비는 계약목적물을 시공하는데 종사하는 노무자·종업원·현장사무소직원 등의 의료위생약품대, 공상치료비, 지급피복비, 건강진단비, 급식비등 작업조건 유지에 직접 관련되는 복리후생비를 말한다.

12. 보관비는 계약목적물의 시공에 소요되는 재료, 기자재 등의 창고사용료로서 외부에 지급되는 비용만을 계상하여야 하며 이중에서 재료비에 계상되는 것은 제외한다.

13. 외주가공비는 재료를 외부에 가공시키는 실가공비용을 말하며 외주가공품의 가치로서 재료비에 계상되는 것은 제외한다.

14. 산업안전보건관리비는 작업현장에서 산업재해 및 건강장해예방을 위하여 법령에 따라 요구되는 비용을 말한다.

15. 소모품비는 작업현장에서 발생되는 문방구, 장부대등 소모용품 구입비용을 말하며, 보조재료로서 재료비에 계상되는 것은 제외한다.

16. 여비·교통비·통신비는 시공현장에서 직접 소요되는 여비 및 차량유지비와 전신전화사용료, 우편료를 말한다.

17. 세금과 공과는 시공현장에서 해당공사와 직접 관련되어 부담하여야 할 재산세, 차량세, 사업소세 등의 세금 및 공공단체에 납부하는 공과금을 말한다.

18. 폐기물처리비는 계약목적물의 시공과 관련하여 발생되는 오물, 잔재물, 폐유, 폐알칼리, 폐고무, 폐합성수지등 공해유발물질을 법령에 의거 처리하기 위하여 소요되는 비용을 말한다.

19. 도서인쇄비는 계약목적물의 시공을 위한 참고서적구입비, 각종 인쇄비, 사진제작비(VTR

제작비를 포함한다) 및 공사시공기록책자 제작비등을 말한다.

20. 지급수수료는 시행령 제52조제1항 단서에 의한 공사이행보증서 발급수수료, 「건설산업기본법」 제34조 및 「하도급거래 공정화에 관한 법률」 제13조의2의 규정에 의한 건설하도급대금 지급보증서 발급수수료, 「건설산업기본법」 제68조의3에 의한 건설기계 대여대금 지급보증 수수료 등 법령으로서 지급이 의무화된 수수료를 말한다. 이 경우 보증서 발급수수료는 보증서 발급기관이 최고 등급업체에 대해 적용하는 보증요율 중 최저요율을 적용하여 계상한다.〈개정 2015.9.21.〉

21. 환경보전비는 계약목적물의 시공을 위한 제반환경오염 방지시설을 위한 것으로서, 관련법령에 의하여 규정되어 있거나 의무 지워진 비용을 말한다.

22. 보상비는 해당 공사로 인해 공사현장에 인접한 도로 하천 · 기타 재산에 훼손을 가하거나 지장물을 철거함에 따라 발생하는 보상 · 보수비를 말한다. 다만, 해당공사를 위한 용지보상비는 제외한다.

23. 안전관리비는 건설공사의 안전관리를 위하여 관계법령에 의하여 요구되는 비용을 말한다.

24. 건설근로자퇴직공제부금비는 「건설근로자의 고용개선 등에 관한 법률」에 의하여 건설근로자퇴직공제에 가입하는데 소요되는 비용을 말한다. 다만, 제10조제1항제4호 및 제18조에 의하여 퇴직급여충당금을 산정하여 계상한 경우에는 동 금액을 제외한다.

25. 관급자재 관리비는 공사현장에서 사용될 관급자재에 대한 보관 및 관리 등에 소요되는 비용을 말한다. 〈신설 2015.1.1.〉

26. 기타 법정경비는 위에서 열거한 이외의 것으로서 법령에 규정되어 있거나 의무 지워진 경비를 말한다.

4. 일반관리비

일반관리비는 기업의 유지를 위한 관리활동부문에서 발생하는 제비용으로서 제조원가에 속하지 아니하는 모든 영업비용중 판매비 등을 제외한 다음의 비용, 즉, 임원급료, 사무실직원의 급료, 제수당, 퇴직급여충당금, 복리후생비, 여비, 교통 · 통신비, 수도광열비, 세금과 공과, 지급임차료, 감가상각비, 운반비, 차량비, 경상시험연구개발비, 보험료 등을 말하며 기업손익계산서를 기준하여 산정한다.

4-1 일반관리비의 계상방법

아래 표의 일반관리비율을 초과할 수 없다.

종합공사		전문 · 전기 · 정보통신 · 소방 및 기타공사	
직접공사비+간접공사비	일반관리비율(%)	직접공사비+간접공사비	일반관리비율(%)
50억원 미만	6.0	5억원 미만	6.0
50~300억원 미만	5.5	5~30억원 미만	5.5
300억원 이상	5.0	30억원 이상	5.0

5. 이윤 – (노무비 + 경비 + 일반관리비) × 15%

영업이익을 말하며 공사원가 중 노무비, 경비와 일반관리비의 합계액(이 경우에 기술료 및 외주가공비는 제외한다)의 15%를 초과하여 계상할 수 없다.

6. 공사손해보험료

공사손해보험료는 계약예규 「공사계약일반조건」 제10조에 의하여 공사손해보험에 가입할 때에 지급하는 보험료를 말하며, 보험가입대상 공사부분의 총 공사원가(재료비, 노무비, 경비, 일반관리비 및 이윤의 합계액을 말한다.)에 공사손해 보험료율을 곱하여 계상한다.

04

> 견적부품의 설명

4. 부품의 설명

1. LBS(부하계폐기)

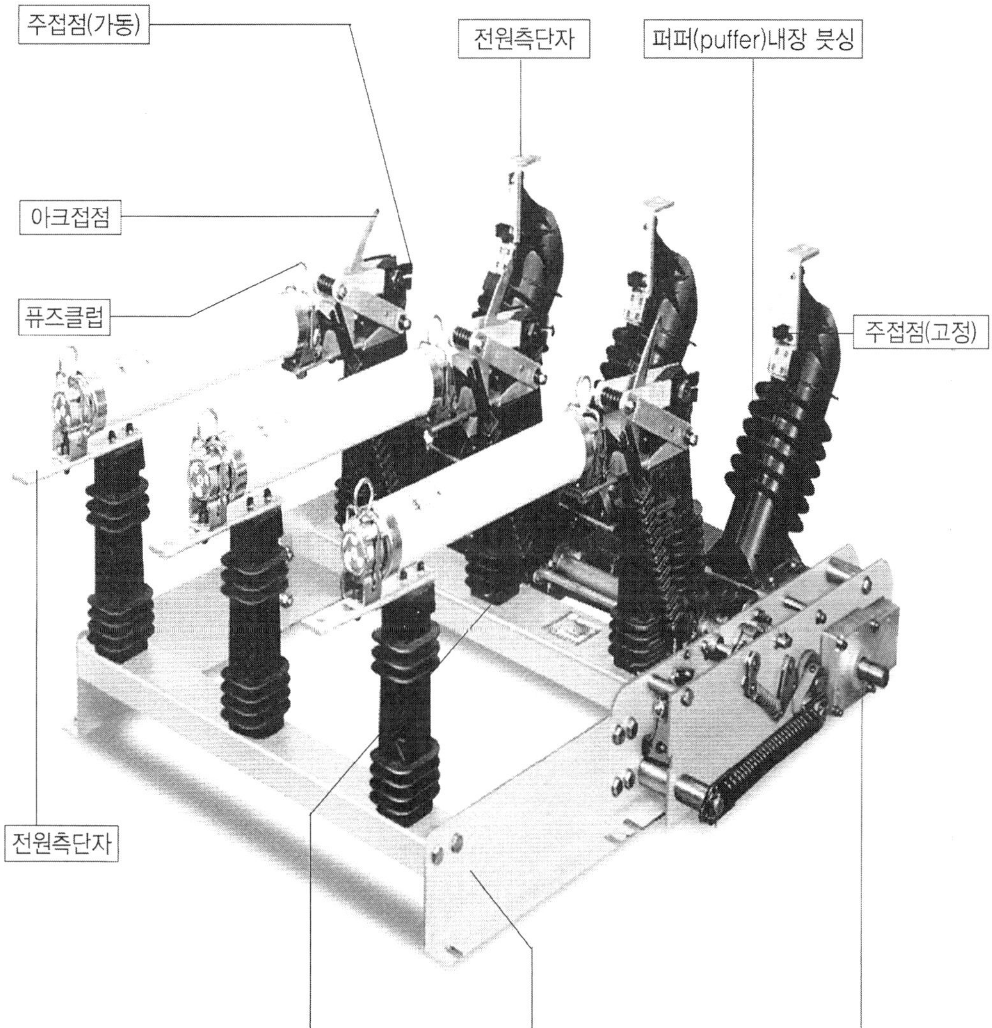

공칭 22.9KV 배전계통에서 부하 계폐 및 단락보호기능을 가진 기기이며, 옥내형으로 변전실 일반 큐비클 및 판넬, 변전실 변압기/케이블보호, 수용가측 인입기기 및 고압분기 시스템 등에 사용된다.

2. AISS(옥내용 자동고장구간개폐기)

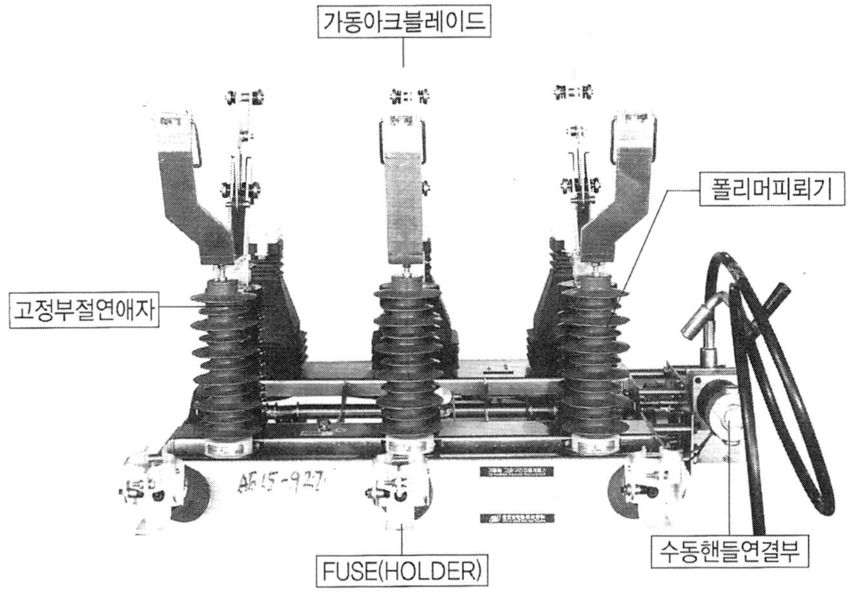

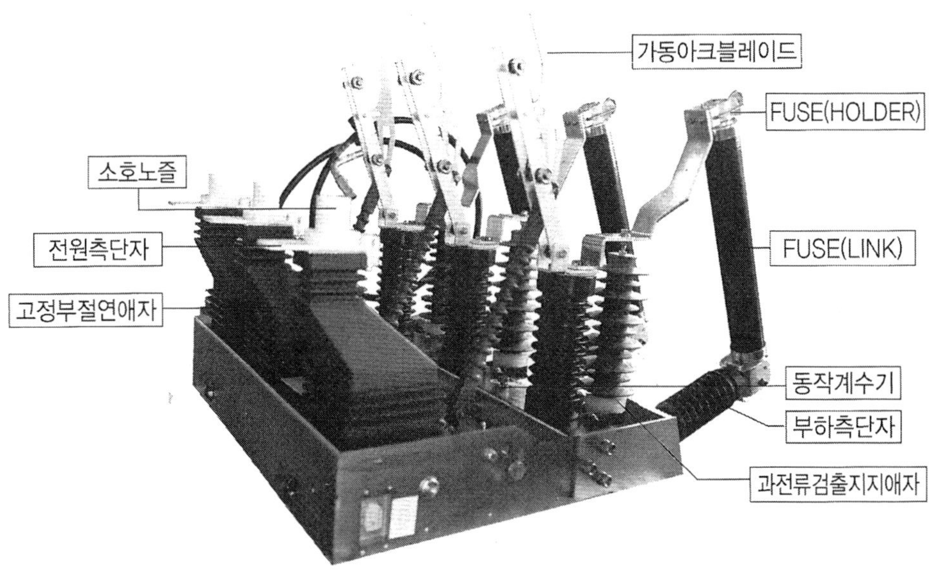

AISS는 인납입구 주개폐기로 설치되어 고장구간을 후비보호장치와 협조하여 자동으로 구분, 분리하는 개폐기로서 고장으로 인한 계통의 사고확대를 방지하여 주는 보호 장치이다.

3. MOF(계기용 변성기)

MOF는 PT, CT를 같은 통속에 넣고 절연한 것, 전산전력량을 측정하기 위한 계량기와 함께 설치되는 장치이다.

4. PT(계기용 변압기)

PT는 전압을 계측하기 위해 높은 전압을 낮은 전압으로 바꾸어 주는 기능을 하여 전기적 사고를 미연에 방지함을 목적으로 하는 기기이다.

5. CT(계기용 변류기)

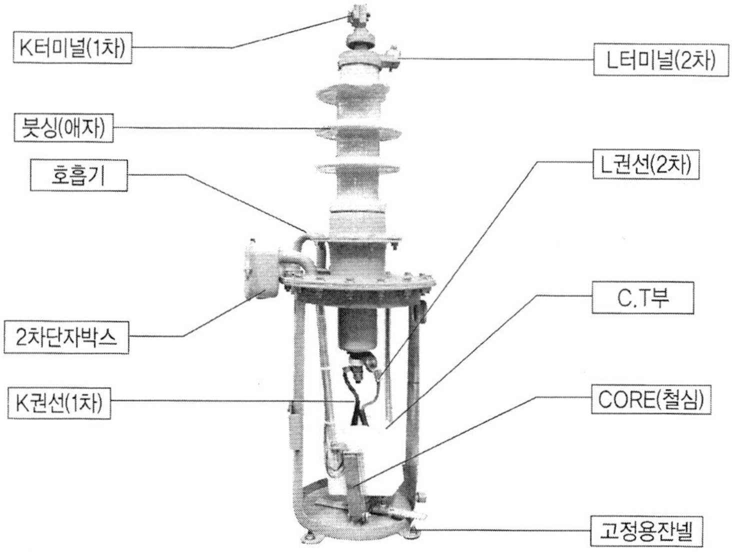

CT는 전류를 측정하여 수배전반의 모든 전기기계와 조함결선하여 과전류 및 사로전류를 검출하여 전기적 사고를 미연에 방지함을 목적으로 하는 기기이다.

6. ZCT(영상전류검출기)

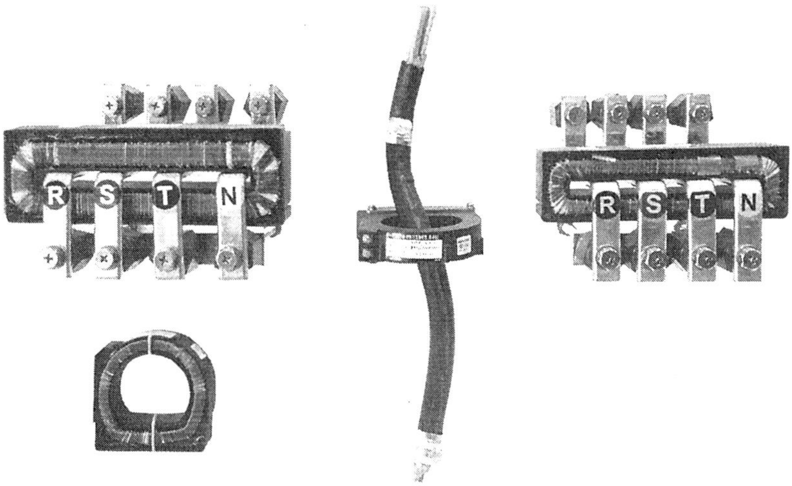

ZCT는 지락사고 시 영상전류를 검출하여 배전선용 접지계전기의 오동작을 방지하기 위해 사용하는 계측기기이다.

7. TR(유입변압기)

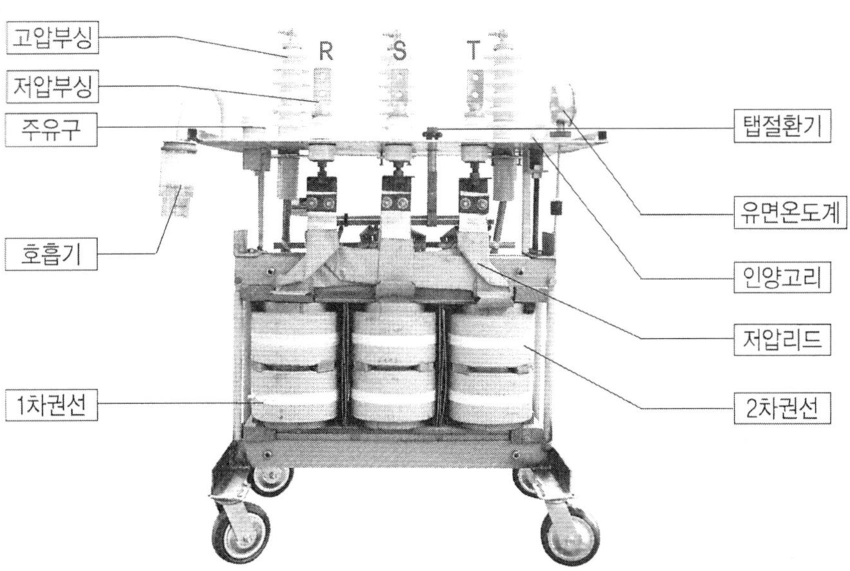

TR은 절연유가 담긴 탱크 속에 권선을 담근 구조로 제작된다. 소음 진동이 적고 설치 환경에 강하다. 점검에 의해 수명 예측이 가능 밀폐구조로 옥내 외에서 모두 사용 가능하다.

8. TR(몰드변압기)

고압 및 저압 권선에 에폭시로 몰드한 방식의 변압기이다. 난연성, 무보수화, 에너지절약 등의 이점이 있다. 하지만 고전압 대용량화가 어려운 단점이 있다.

9. PF(한류형 파워퓨즈)

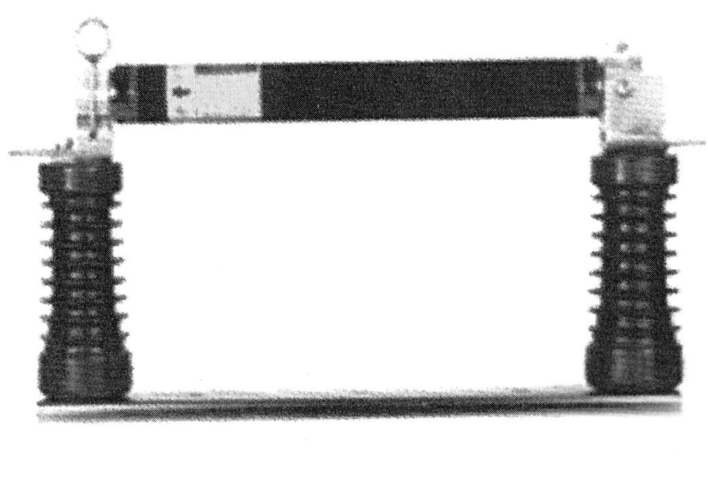

아크저항을 발생시켜 고장전류를 강제로 차단한다. 과전류 영역에서는 퓨즈가 용해되어도 차단하지 못하는 영역이 있기 때문에 과부하 보호보다는 후미보호용으로 많이 사용된다. 장점은 소형이며 차단용량이 크고 한류효과가 크다. 그리고 차단속도가 빠르다. 단점은 과전압이 발생, 최소 차단전류가 없고 재투입을 할 수가 없다.

10. PF(비한류형 파워퓨즈)

소호가스를 뿜어내어 전류 0점 부근에서 퓨즈구간의 절연내력을 높여서 전류를 차단한다. 차단시간은 길지만 퓨즈가 녹으면 반드시 차단되므로 용량을 적절히 선정하여 과부하 보호용으로 사용될 수 있다. 과전압이 발생되지 않으므로 절연내력이 약한 회로에 사용된다. 장점은 과전압이 발생하지 않으며 반드시 차단을 한다. 단점으로는 대형이며 한류효과가 적다.

11. ACB(기중차단기)

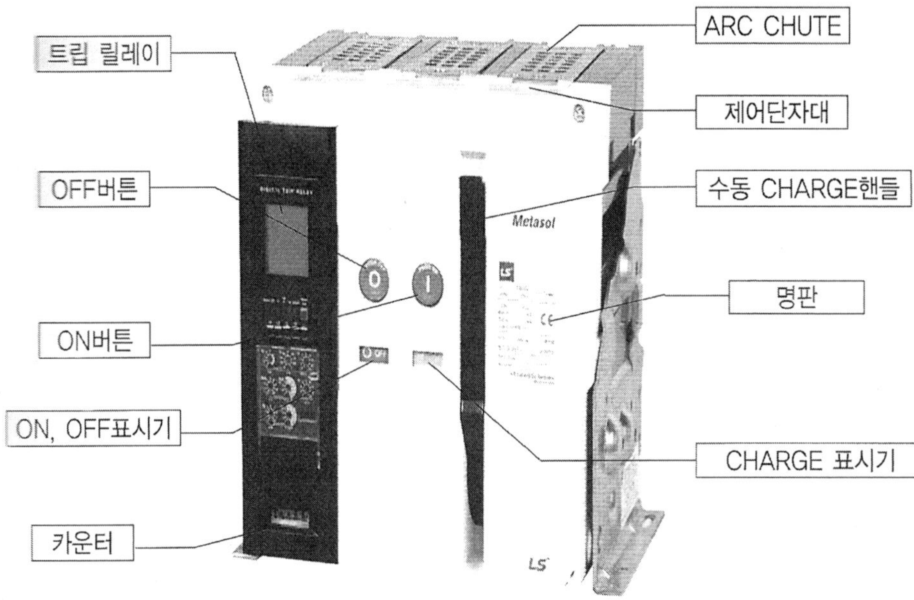

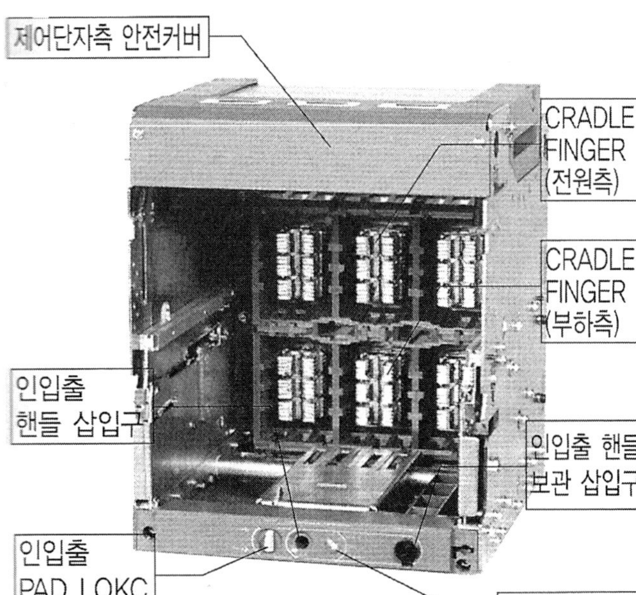

ACB는 접촉자간의 개폐동작이공기중에서 이상적으로 행해지는 차단기다. 전류비를 고려하여 적합한 적용을 할 때 전류의 손실이 없도록 과전류를 미리 예측하여 자동 또는 수동적으로 회로를 개폐하며, 1000V 이하의 회로에서 사용한다.

12. VCB(진공차단기)

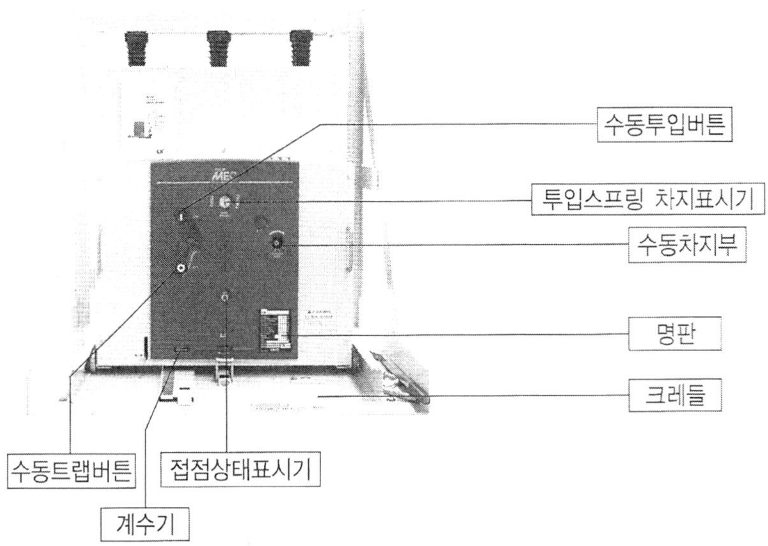

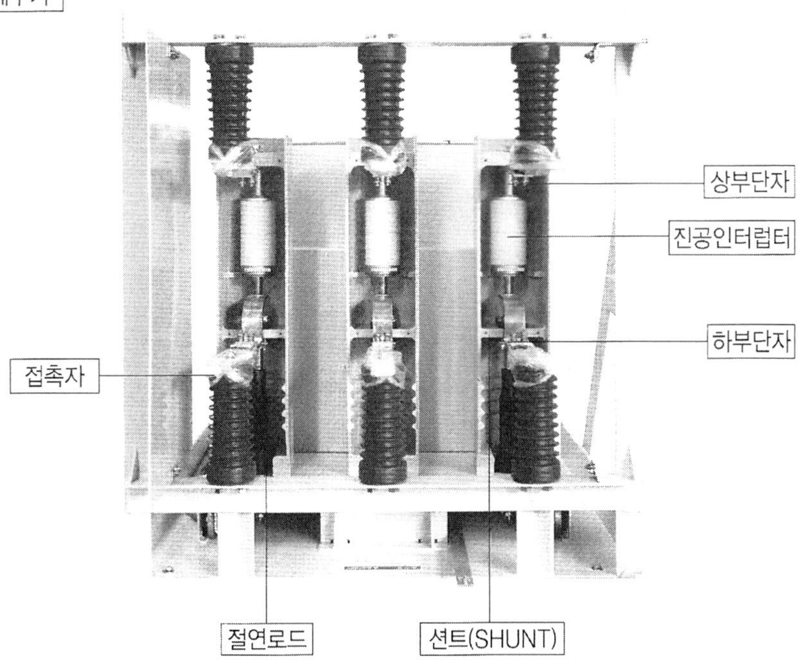

VCB는 고압 배선선로에 설치하여 과전류, 단락 및 지락사고 등 이상전류 발생 시 외부의 별도 계전기에 의해 차단기 내부의 진공 소호방식으로 회로를 차단하여 부하기기를 보호하는 차단기이다.

13. ATS(자동절체개폐기)

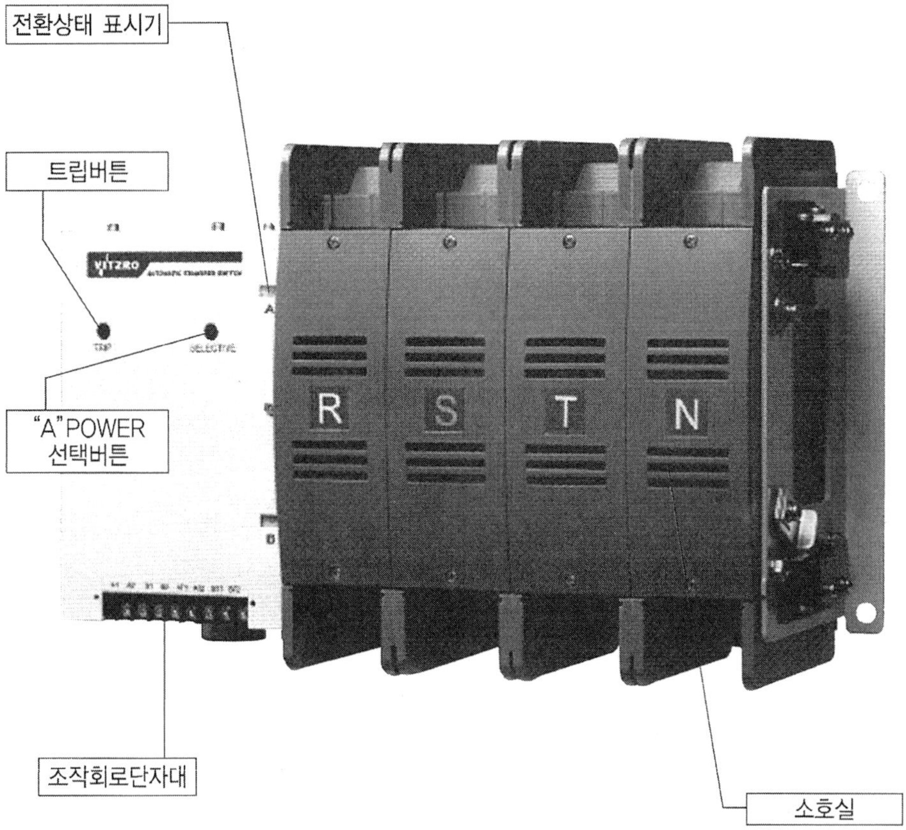

ATS는 갑작스런 부하 측 고장으로 주차단기가 트립되거나 돌발적인 정전으로 전원공급이 어려울 때 비상발전기를 선로로 절체되어 전원공급을 지속하게 해주는 기기이다.

14. MCCB(배선용 차단기)

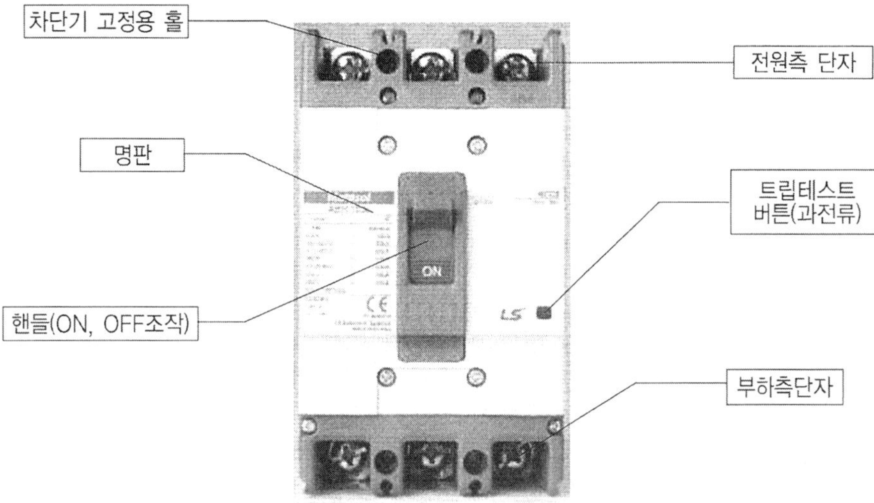

MCCB는 저압 선로를 보호하는 차단기로서, 선로에 이상전류가 흘렀을 때 차단되는 안전장치이다.

15. ELCB(누전차단기)

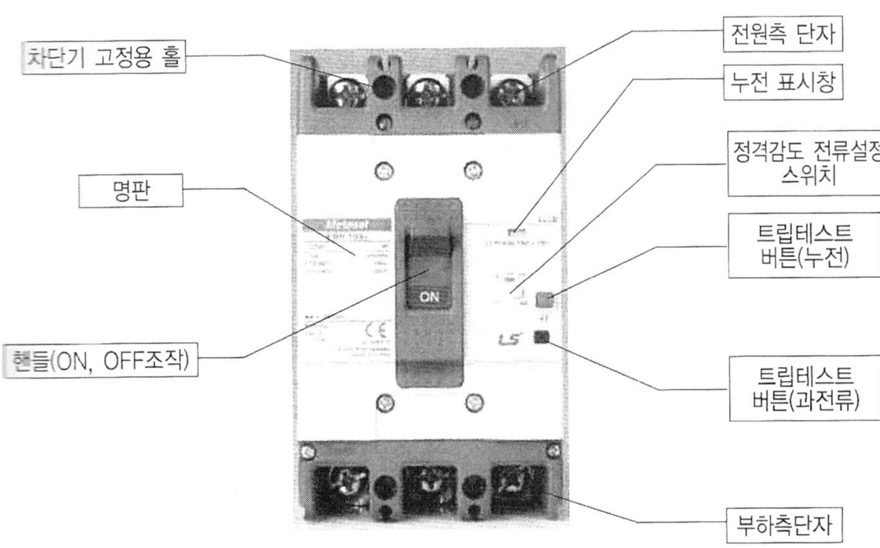

ELCB는 저압 선로를 보호하는 차단기이며, 이상전류를 차단하고 누전까지 감지하는 안전장치이다.

16. SC(진상용 콘덴서)

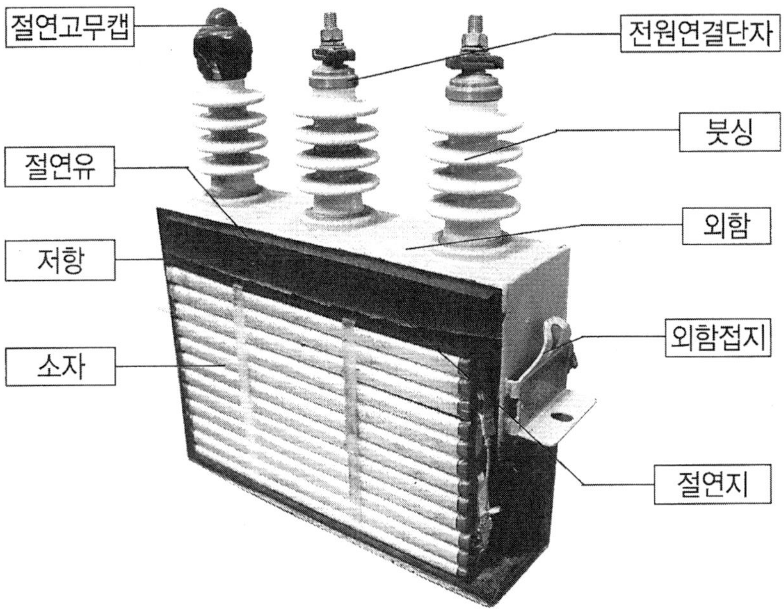

SC는 무효전력을 줄여 전기를 효율적으로 사용하는데 그 목적이 있으므로 전력손실의 측면에서 검토한다.

17. GSC(접지보상용콘덴서)

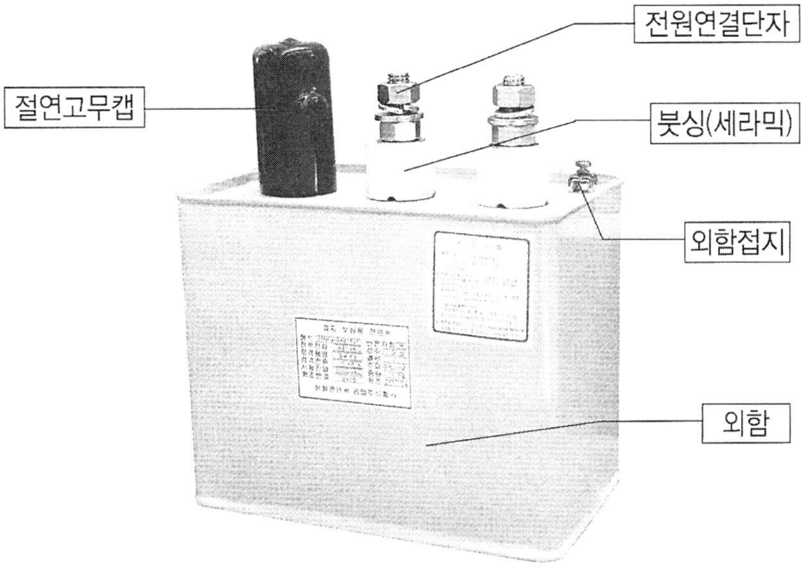

선로의 대지 정전 용량이 작고, 충분한 관통 지락 전류를 얻을 수 없을 때 정전 용량을 증대시켜 주는 역할을 한다.

18. LR(한류저항기)

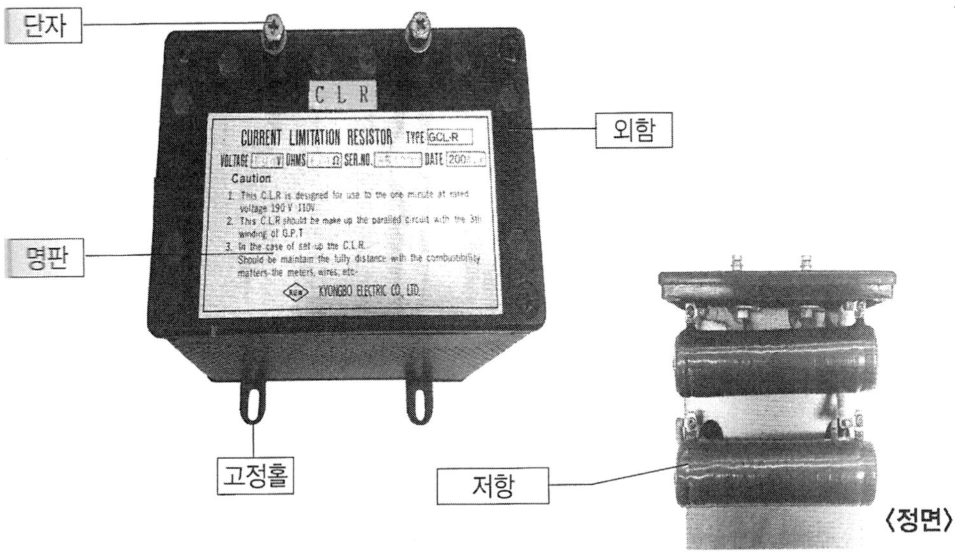

CLR은 SGR, DGR을 동작시키는데 필요한 유효전류를 발생시키고 오픈델타회로의 각 상전압 중의 제 3 고조파를 발생을 억제하여 중성점 이상전위 진동, 중성점 불안정현상 등의 이상 현상을 제거하기 위한 기기이다.

19. A(피뢰기)

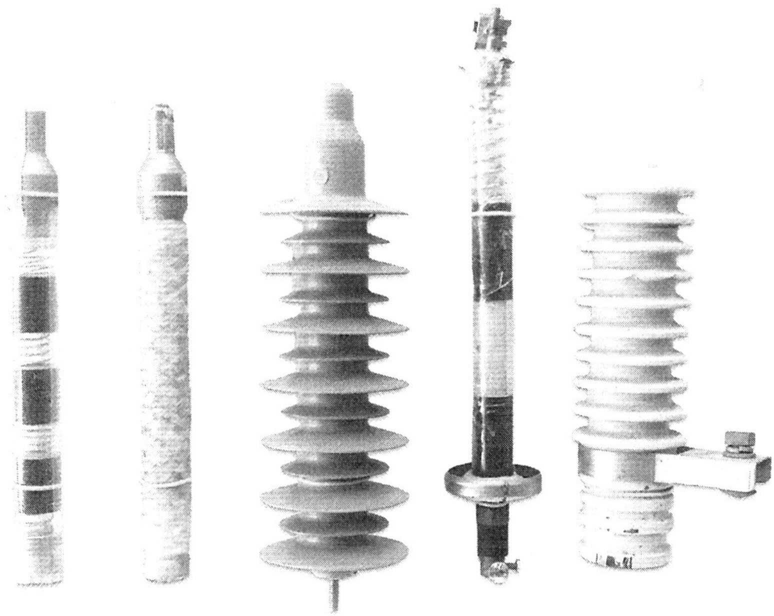

LA는 전력계통에서 발생되는 이상전압을 제한하는 장치이다. 따라서 LA는 이와 같은 이상전압을 제한하고 전력계통의 정상적인 운적을 위해 이상전압 발생에 수반되는 이상전류를 피뢰기가 부담함으로써 피보호기기의 절연을 확보하고, 속류를 신속히 차단하고 계통을 정상적인 상태로 유지시키는 기능을 가진 기기이다.

20. A(서지흡수기)

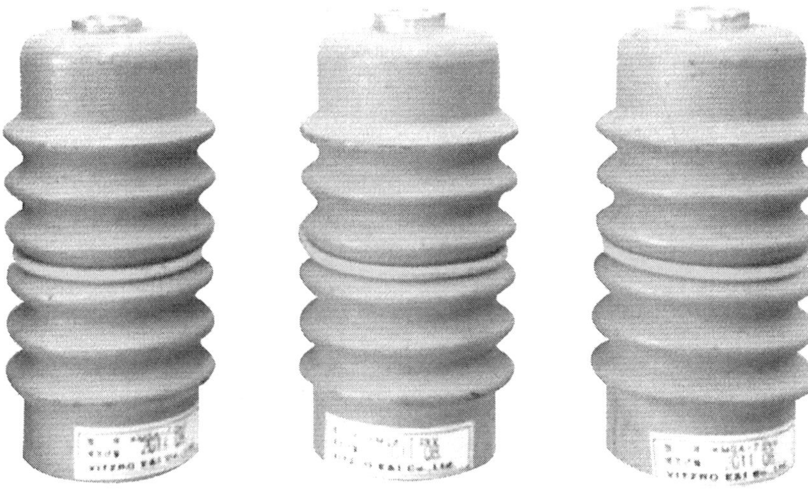

피뢰기와 같은 원리이나 개폐서지 등의 이상전압으로부터 2차기기를 보호하기 위해 설치하는 옥내 피뢰기이다.

21. 핀 애자

70KV 이하의 송전선, 배전선에 사용된다. 보통 전주에 부착되어 있는 것이 핀 애자이다.

22. 현수 애자

가공전선을 지지하기 위한 것이며 자기부 안쪽에 주름을 설치 절연부의 누설 거리를 길게 하고 있다. 또한 높은 전압에서는 애자를 직렬로 연결한다.

23. 폴리머 애자

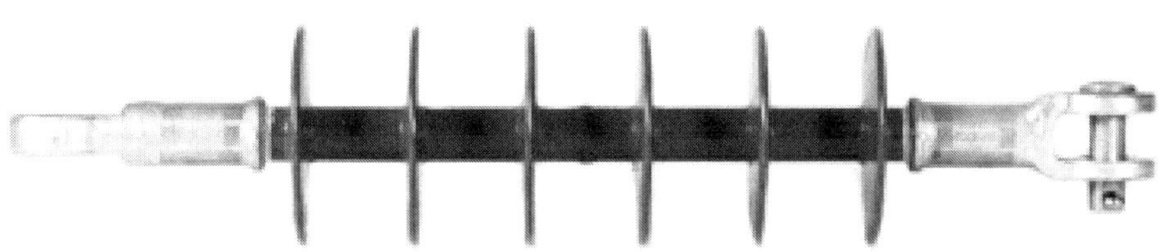

전기절연을 목적으로 한 애자에서 소재를 폴리머로 한 애자, 실리콘고무, 에틸렌 플로피렌 고무, 초산비닐 등이 피복재이다. 경량화와 긴 수명이 기대된다.

24. 장간 애자

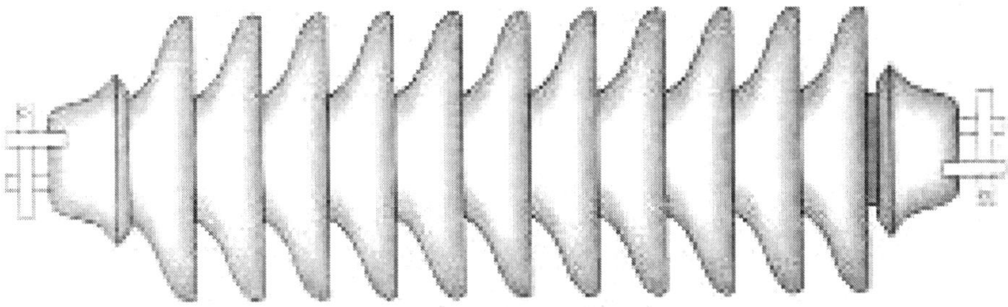

건조 섬락 전압에 비하여 물을 주입 섬락 전압의 저하가 적고, 그 형상이 우세 효과에 의해 내오손성이 있는 외, 섬락의 경우에 아크가 자기부에 접촉하기 어려운 내아크성이 있는 등 여러 가지인 이점이 있다.

25. 라인포스트 애자

특 고압 가공배전선로에서 수평각도 15도 미만 개소와 내장 및 인류개소의 절연전선을 지지하는데 사용, 완철 등에 수직으로 설치하여 전선을 지지하고 전선과 금구류 사이의 절연을 목적으로 한다.

26. 경완금

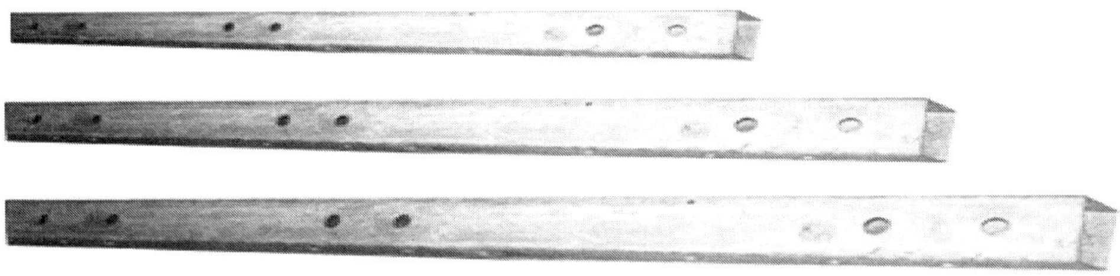

전주에 가로로 대어서 전선을 매는 쇠막대기

27. 완금밴드(U밴드)

전주에 완금을 설치하는데 사용

28. 데드엔드 클램프

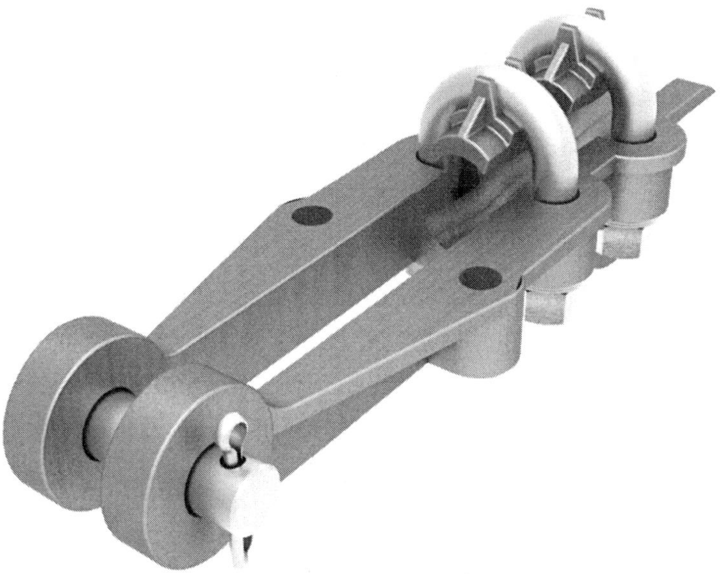

전주와 전선사이의 전선의 마지막 부분을 현수애자와 연결시켜주는 장치

29. 지선롯트

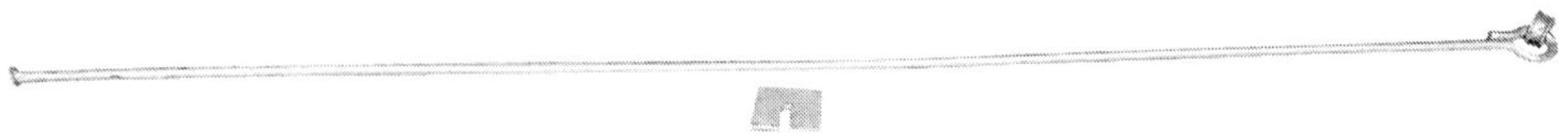

전주의 지선과 지하에 매설되는 지선근가나 지선용 타입 앵커를 연결하는데 사용

30. 암타이밴드

가공선로의 케이블을 지지하는 조선인류 크램프를 전주에 고정 설치하는데 사용되는 밴드

31. 발판볼트

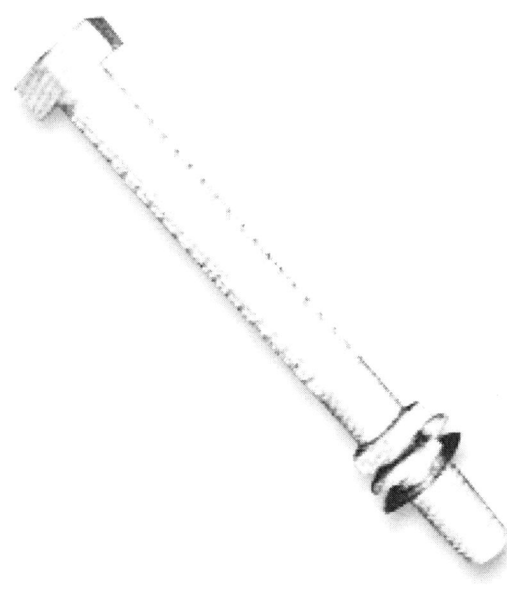

전주를 수리, 보수할 때 인부가 밟고 올라갈 수 있도록 전주에 고정시키는 볼트

32. 근가, 근가밴드

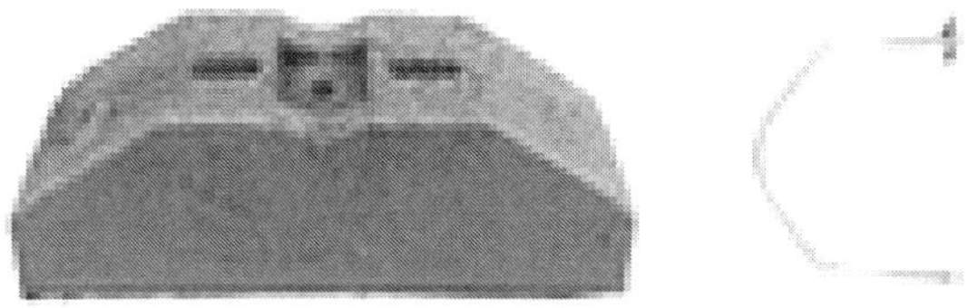

전주의 기울어짐을 막기 위해 전주와 함께 결합하여 땅에 묻히는 블록, 근가와 전주는 근가밴드로 연결됨.

05

> 견적하기

5. 엑셀 사용법

5-1 엑셀이란

스프레드시트라고도 불리며 여러 가지 도표 형태의 양식에 계산, 표기되는 사무업무를 자동으로 하는 표계산 프로그램으로 계산기와 계산용지 등이 통합되어 연산 및 표를 작성하고 그래프를 그리는 소프트웨어를 말한다.

5-2 수식함수

스프레드시트에서 수식함수란 각 함수마다 계산하는 방법이 다르다. 스프레드시트에서 수 없이 많은 함수들이 있지만 견적에서 쓰는 함수는 SUM(더하기), AVERAGE(평균값), PRODUCT(곱셈), IF(조건), VLOOKUP(조건 찾기 열 번호), HLOOKUP(조건 찾기 행 번호), MATCH(위치 값을 수로 변환) 등이 있다. 함수를 사용할 때에는 셀을 클릭하고 함수 앞에 '='을 입력하고 뒤에 자신이 사용하고 싶은 함수를 입력한다. 그리고 원하는 범위를 드래그하여 ENTER키를 누르면 함수가 사용된다. 또한 함수식을 입력할 때 문자를 입력해야한다면 문자양옆으로 큰따옴표를 입력해야한다.

5-2-1 SUM

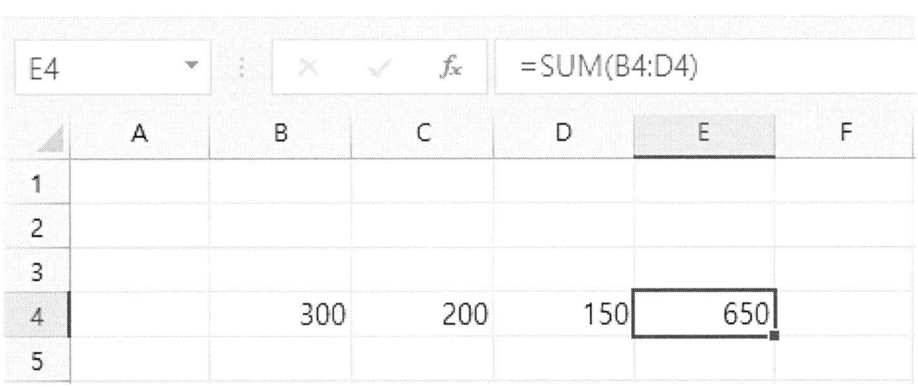

=SUM(더할 범위)

마우스가 E4셀에 클릭되어있고 위의 수식 입력 줄에 함수가 입력되어있다. 따라서 E4셀에 범위의 셀의 합이 입력되어있다.

5-2-2 AVERAGE

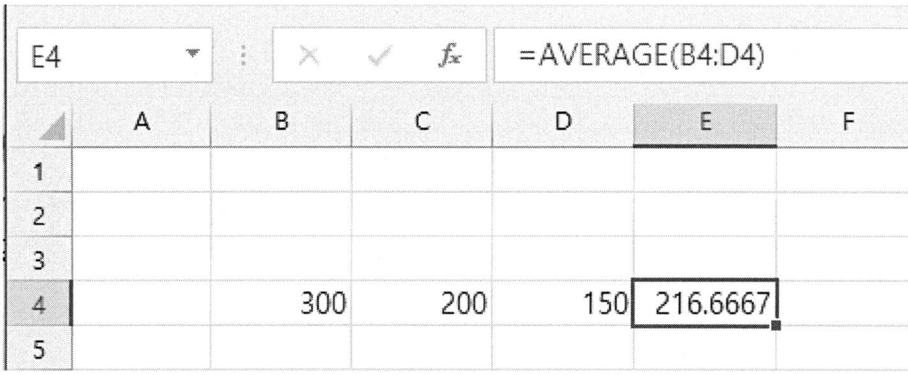

=AVERAGE(평균할 범위)

마우스가 E4셀에 클릭되어있고 수식 입력 줄에 함수가 입력되어있다. 따라서 E4셀에 범위의 셀의 평균값이 입력되어 있다.

5-2-3 PRODUCT

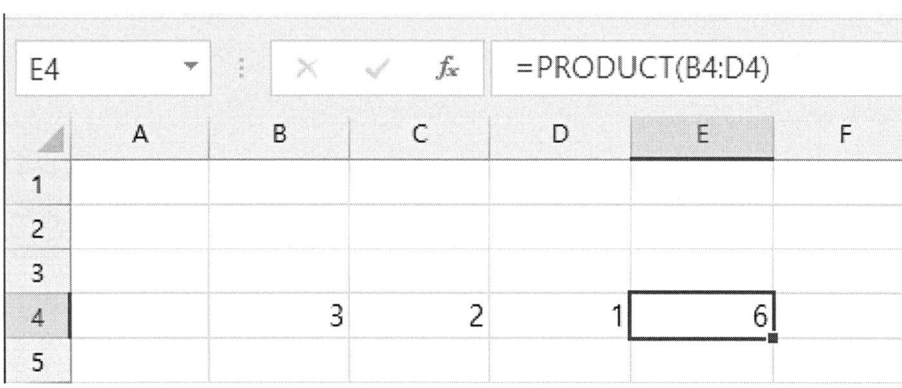

=PRODUCT(곱할 범위)

마우스가 E4셀에 클릭되어있고 수식 입력 줄에 함수가 입력되어있다. 따라서 E4셀의 값이 범위의 셀의 곱이 나타난다.

5-2-4 IF

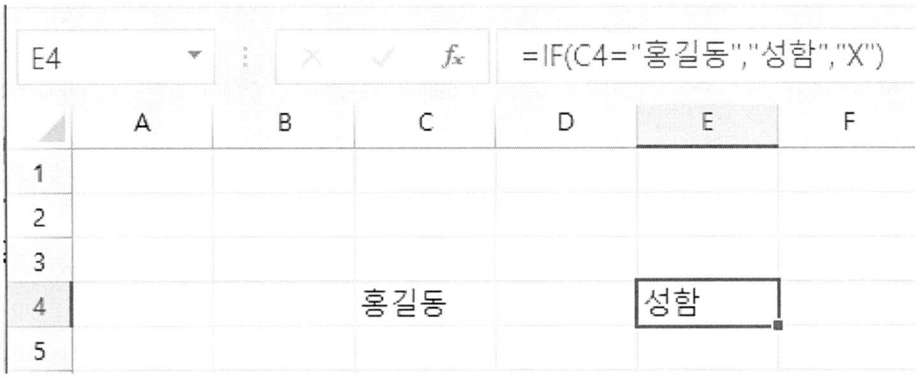

=IF(조건, 참일 경우, 거짓일 경우)

마우스가 E4셀이 클릭되어있고 수식입력 줄에 함수가 입력되어있다.

조건이 참이기 때문에 E4셀에 성함이 나타난다. 하지만 참이지 않을 경우에는 아래와 같이 나타난다.

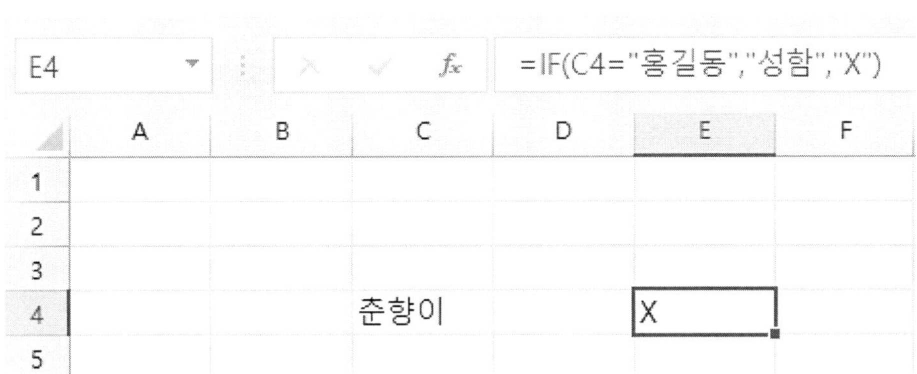

5-2-5 VLOOKUP

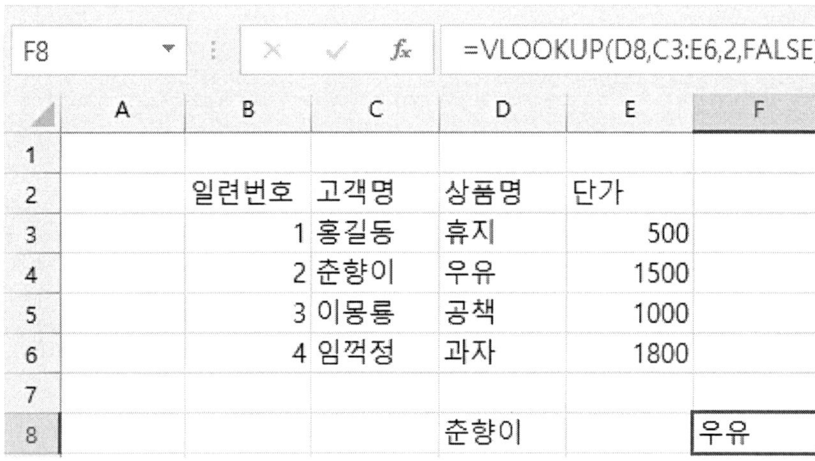

=VLOOKUP(기준 값, 범위, 열 번호, 옵션)

만약 춘향이가 무슨 상품을 샀는지 표에서 바로 알아보고 싶다면 VLOOKUP함수로 나타낼 수가 있다. 수식 입력 줄에 함수가 입력되어 있는 것을 확인할 수 있다.

5-2-6 HLOOKUP

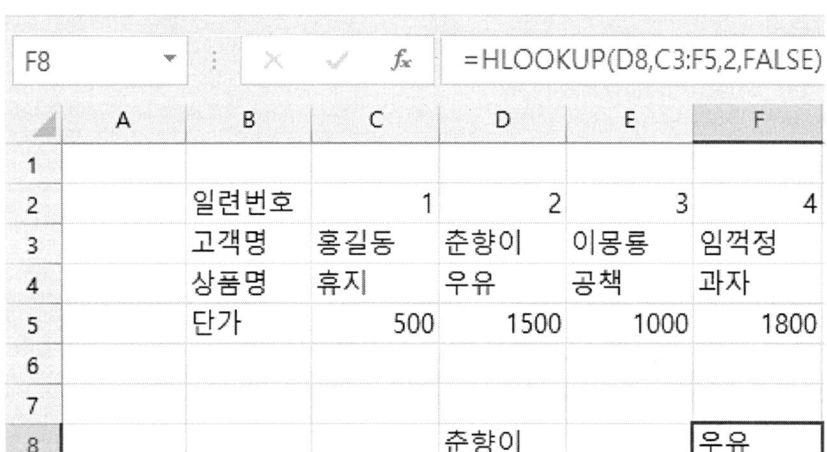

=HLOOKUP(기준 값, 범위, 행 번호, 옵션)

VLOOKUP과 비슷하지만 표가 VLOOKUP을 사용할 수 있는 함수와는 다르게 생긴 것을 알 수 있다. 수식 입력 줄을 보면 함수가 입력되어 F8셀에 춘향이가 무엇을 구매하였는지 나타나 있다.

5-2-7 MATCH

F8 | =MATCH(D8,C3:C6,0)

	A	B	C	D	E	F
1						
2		일련번호	고객명	상품명	단가	
3		1	홍길동	휴지	500	
4		2	춘향이	우유	1500	
5		3	이몽룡	공책	1000	
6		4	임꺽정	과자	1800	
7						
8				이몽룡		3

=MATCH(기준 값, 범위, 옵션)

MARCH 함수는 기준 값이 범위의 열이나 행의 상대위치를 나타내는 함수이다.

범위에서 이몽룡의 상대위치를 알고 싶어 수식입력 줄에 함수를 입력하니 범위에 3번째에 해당하는 행에 있다고 F8셀에 나타난다.

5-3 엑셀 연습문제

1. **연습문제**

E5셀에 들어갈 알맞은 함수와 식을 쓰시오.

	A	B	C	D	E	F
1						
2		잡지	신문	단어장	공책	
3		13,000	1,500	5,000	1,200	
4						
5						
6						

답 :

2. 연습문제

합격여부는 평균점수가 85점 이상이면 합격, 아니면 불합격이다. F6셀에 알맞은 함수와 식을 쓰시오.

	A	B	C	D	E	F
1						
2		성명	1차	2차	평균	합격여부
3		갑	90.5	85.5	88	합격
4		을	80.5	85	82.75	불합격
5		병	75	95.5	85.25	합격
6		정	80.5	80.5	80.5	불합격
7						

답 :

(1.답:=SUM(B3:E3), 2.답:=IF(B3〉=85,"합격","불합격")

3. 연습문제

B8셀에 다음과 같은 함수를 입력하였다. B8셀에 나오는 값은 얼마인가.

	A	B	C	D	E	F
1						
2		성명	1차	2차	평균	합격여부
3		갑	90.5	85.5	88	합격
4		을	80.5	85	82.75	불합격
5		병	75	95.5	85.25	합격
6		정	80.5	80.5	80.5	불합격
7						
8		=VLOOKUP(B5,B3:F6,4,FALSE)				

답 :

4. 연습문제

F8의 셀은 D8의 셀이 가리키는 사람의 평균값이다. 만약 D8의 셀이 '갑'이었다면 F8의 셀 값은 88이다. F8에 사용된 함수와 식을 쓰시오. 단, 함수는 2개 이상으로 구성되이있다.

	A	B	C	D	E	F
1						
2		성명	1차	2차	평균	합격여부
3		갑	90.5	85.5	88	합격
4		을	80.5	85	82.75	불합격
5		병	75	95.5	85.25	합격
6		정	80.5	80.5	80.5	불합격
7						
8				을		82.75

답 :

(3.답 : 85.25, 4.답 : =VLOOKUP(D8,E3:F6,MATCH(E2,B2:F2,0),FALSE)

연 습 문 제

1. 전기공사의 물량 산출 시 건물 층수에 따른 할증률이 적용된다. 6층의 할증률과 23층의 할증률은 얼마인가?

2. 주택가 지역에 케이블 공사를 하려고 한다. 일반 도로에 비해서 할증률이 얼마인가?

3. 공구손료란 무엇인가?

4. 전기공사 예정금액이 2억 원일 때 일반관리비율은 얼마인가?

5. 총 공사비는 원가, 일반관리비, 이윤의 합이다. 여기서 이윤은 무엇의 합이며, 몇 %를 초과할 수 없는지 설명하시오.

6. 개산견적이란 무엇인가?

7.견적 시 주의 사항으로 4가지 방법을 설명하시오

8. 운반비 산출 공식 중 전세차량비에 의한 운반비 산출 공식으로 총 주행 소요시간이 120분이고 적상하시간이 20분이다. 전세차량비가 30만원 일 때 운반비는 얼마인가?

9. 왕복 6차선 도로의 도심에서 야간에 지중케이블 공사를 하려고 한다. 할증률은 얼마인가?

10. **다음 도면은 어느 사무실의 도면이다. 주어진 조건을 읽고 질문에 답하여라.**

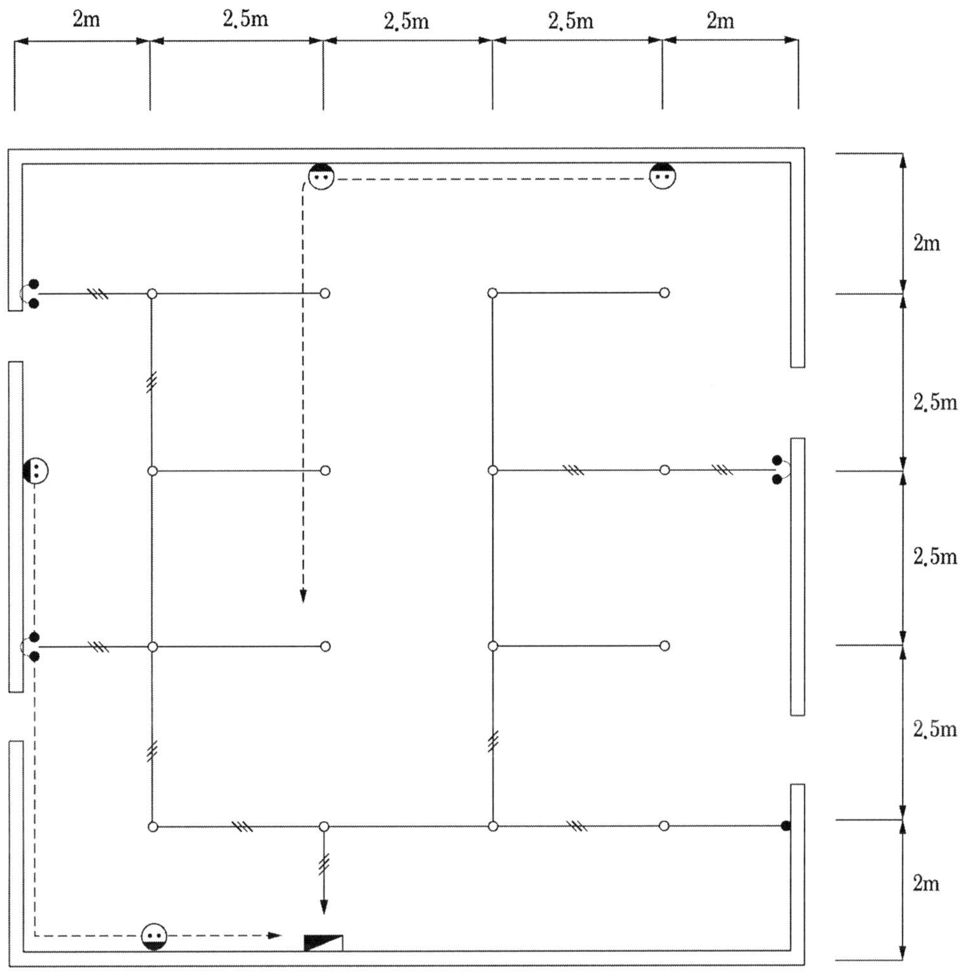

· 시설조건

1) 전선은 600V 비닐절연전선 2.0mm를 사용한다.
2) 전선관은 후강 전선관을 사용한다.
3) 분전반에서 나오는 전선량은 3가닥으로 계산하고 다른 전선들은 2가닥씩 계산한다.
4) 4조 이상의 배관과 접속되는 박스는 4각 박스를 사용한다.
5) 스위치의 설치 높이는 1.2m(바닥에서 중심까지)
6) 콘센트의 설치 높이는 0.3m(바닥에서 중심까지)
7) 분전함의 설치 높이는 1.8m(바닥에서 상단까지) (단, 바닥에서 하단까지의 높이는

0.5m를 기준으로 한다.)

8) 스위치의 위치가 도면 길이의 중앙에 나타나 있는 경우는 그 길이의 0.5를 곱한다.

· 재료산출조건

1) 분전함 내부에서의 배선여유는 없다.

2) 자재 산출시 산출수량과 할증수량은 소수점 이하도 기록하고, 자재별 총 수량은 소수점 이하로 반올림한다.

3) 배관 및 배선 이외의 자재는 할증을 보지 않는다. 배관 및 배선의 할증은 10%로 한다.

4) 바닥에서 천장 슬리브까지의 높이는 3m로 한다.

· 인건비 산출조건

1) 재료의 할증분에 대해서는 품셈을 적용하지 않는다.

2) 소수점 이하도 계산한다.

3) 품셈은 아래의 품셈을 기준으로 한다.

품셈 보기

자재명	단위	공량
후강전선관 16mm	m	0.08
후강전선관 22mm	m	0.11
옥내배선6㎟이하	m	0.01
매입 스위치	개	0.065
매입 콘센트 2P 15A	개	0.065
스위치 박스 1개용	개	0.2
스위치 박스 2개용	개	0.2

자재명	규격	단위	산출수량	할증수량	총수량
후강 전선관	16mm	m	㉠	㉡	㉢
600V 비닐절연전선	2.0mm	m	㉣	㉤	㉥
매입 스위치	300V 10A	개			7
스위치플레이트	1개용	개			1
스위치플레이트	2개용	개			3
매입 콘센트	300V 15A, 2개용	개			4
4각 박스		개			5
8각 박스		개			15
스위치박스	1개용	개			1
스위치박스	2개용	개			3
콘센트 플레이트	2개구용	개			4

질문 1. 도면에 의해 다음 재료 표를 완성하여라.

㉠ : ㉡ : ㉢ :

㉣ : ㉤ : ㉥ :

풀이)

질문 2. 도면에 의해 다음 노임표의 빈칸을 채워 넣어라.(단, 스위치 플레이트와 콘센트 플레이트는 제외한다.)

자재명	규격	단위	수량	공량	내선전공 (수량×공량)
후강 전선관	16mm	m			
600V 비닐절연전선	2.0mm	m			
매입 스위치	300V 10A	개	7		
스위치플레이트	1개용	개			
스위치플레이트	2개용	개			
매입 콘센트	300V 15A, 2개용	개	4		
4각 박스(천정)		개	1	0.12	
4각 박스(벽면)		개	4	0.2	
8각 박스		개	15	0.12	
스위치박스	1개용	개	1		
스위치박스	2개용	개	3		
콘센트 플레이트	2개구용	개			
합계					

질문 1. 풀이

자재명	규격	단위	산출수량	할증수량	총수량
후강 전선관	16mm	m	86.7	8.67	95
600V 비닐절연전선	2.0mm	m	203	20.3	223
매입 스위치	300V 10A	개			7
스위치플레이트	1개용	개			1
스위치플레이트	2개용	개			3
매입 콘센트	300V 15A, 2개용	개			4
4각 박스		개			5
8각 박스		개			15
스위치박스	1개용	개			1
스위치박스	2개용	개			3
콘센트 플레이트	2개구용	개			4

㉠ = 천정 은폐 배선관 : $2\times5+2.5\times15+1.8\times4+1.2 = 55.9$

바닥 은폐 배선관 : $2.5\times8+2\times4+0.3\times6+0.5\times2 = 30.8$

∴ 천정 은폐 배선관 + 바닥 은폐 배선관 = $55.9+30.8 = 86.7$

㉡ = 할증은 ㉠의 10% 이기 때문에 ㉠×0.1

∴ $86.7\times0.1 = 8.67$

㉢ = ㉠+㉡이 ㉢이므로

∴ $86.7+8.67 = 95.37$

단, 자재별 총 수량은 소수점 이하로 반올림 한다는 조건이 있으므로 95.73 ≒ 95

㉣ = 천정 은폐 배선 :

$2\times2+2.5\times2\times9+2\times3\times4+2.5\times3\times6+1.8\times3\times3+1.8\times2+1.2\times3 = 141.4$

바닥 은폐 배선 : $2.5\times8\times2+2\times4\times2+0.3\times6\times2+0.5\times2\times2 = 61.6$

∴ 천정 은폐 배선 + 바닥 은폐 배선 = $141.4+61.6 = 203$

㉤ = 할증은 ㉣의 10% 이기 때문에 ㉣×0.1

∴ $203\times0.1 = 20.3$

ⓑ = ⓓ+ⓜ이 ⓑ이므로

∴ 203+20.3 = 223.3

단, 자재별 총 수량은 소수점 이하로 반올림 한다는 조건이 있으므로 223.3 ≒ 223

자재명	규격	단위	수량	공량	내선전공
후강 전선관	16mm	m	86.7	0.08	6.936
600V 비닐절연전선	2.0mm	m	203	0.01	2.03
매입 스위치	300V 10A	개	7	0.065	0.455
스위치플레이트	1개용	개			
스위치플레이트	2개용	개			
매입 콘센트	300V 15A, 2개용	개	4	0.065	0.26
4각박스(천정)		개	1	0.12	0.12
4각박스(벽면)		개	4	0.2	0.8
8각박스		개	15	0.12	1.8
스위치박스	1개용	개	1	0.2	0.2
스위치박스	2개용	개	3	0.2	0.6
콘센트 플레이트	2개구용	개			
합계					13.201

질문 2. 풀이

1. 후강전선관과 비닐절연전선은 질문 1에서 나온 산출수량을 기준으로 한다.(인건비 산출 조건에서 할증 분은 제외한다고 하였기 때문이다.)
2. 인건비 산출 조건의 품셈을 기준으로 각 공량을 기입한다.
3. 수량과 공량을 곱하여 내선전공의 총 공량을 계산한다.
4. 각 재료마다의 총 공량을 합하여 합계를 계산한다.

11. 다음 도면은 어느 강의실의 도면이다. 다음 조건을 읽고 각 물음에 답하여라.

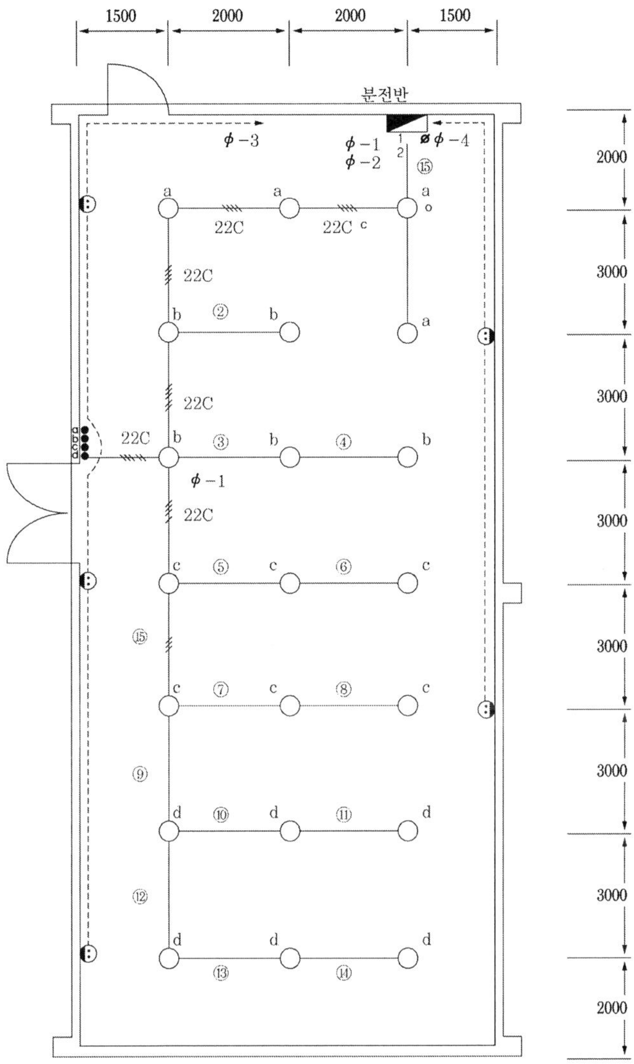

범례

○	백열등(pipe pendant)
◐	매입 콘센트(2P 15A)
———	1V 2.0 X 2(16C)
– – – –	1V 5.5 X 2, E-2.0 (22C)
●	매입 텀블러 S.W (10A 300V)
단위	mm

시설조건

1) 바닥에서 천정 슬리브까지의 높이는 3.5m이다.

2) 스위치의 설치 높이는(천정에서 중심까지) 2.3m이다.

3) 콘센트의 설치 높이는(바닥에서 중심까지) 0.3m이다.

4) 분전반의 설치 높이는(바닥에서 상단까지) 1.8m이다. 단, 바닥에서 하단까지의 높이는 1.0m이다.

2. 재료 산출 조건

1) 전선관은 따로 표기가 되어있지 않는 것은 16mm 후강전선관으로 한다.

2) 4조 이상의 배관과 접속되는 박스는 4각 박스로 한다.

3) 분전함 내부의 여유배선은 0.5m로 한다.

4) 배관과 배선의 할증은 10%로 한다. 단, 배관과 배선 이외의 시설물은 할증을 보지 않는다.

5) 콘센트의 박스는 4각 박스로 한다.

6) 산출수량은 소수점 아래로 모두 기입한다.

7) 부싱은 배관 1조당 2개로 계산하고 로크너트는 부싱 개수의 2배로 산출한다.

8) 커플링은 배관 4m당 1개로 계산하고 소수점 이하의 수가 나올 경우 올림하여 계산한다. (할증분 제외)

3. 인건비 산출 조건

1) 재료의 할증분에 대해서는 품셈을 적용하지 않는다.

2) 소수점 이하도 계산한다.

3) 분전함의 규격은 아래와 같다.

NFB 3P 60AF : 1EA 주차단기

NFB 1P 30AF : 6EA 분기 차단기

4) 품셈은 아래의 품셈을 기준으로 한다.

자재명	규격	단위	공량
후강전선관	16mm	m	0.08
후강전선관	22mm	m	0.11
옥내배선	6㎟이하	m	0.01
백열등	매입등	개	0.257
텀플러 스위치	10A300V	개	0.085
매입 콘센트	2P 15A	개	0.065
스위치박스	2개용	개	0.2
접속박스	4각, 8각	개	0.12
분전반	NFB 3P 60AF	개	1.04
	NFB 1P 30AF	개	0.34

문제 1. 다음 도면을 보고 각 물품의 수량을 빈칸에 채워라.

자재명	규격	단위	수량	할증수량	총 합계
후강 전선관	16mm	m			
후강 전선관	22mm	m			
600V 비닐절연전선	2.0mm	m			
600V 비닐절연전선	5.5mm	m			
백열등	매입등 100W	개			
4각 박스		개			
8각 박스		개			
스위치 박스	2개용	개			
매입 콘센트	2구용	개			
텀플러 스위치	10A 300V	개			
스위치 플레이트		개			
콘센트 플레이트		개			
부싱	16mm	개			
부싱	22mm	개			
로크너트	16mm	개			
로크너트	22mm	개			
커플링	16mm	개			
커플링	22mm	개			

풀이)

문제 2. 다음 도면을 참고하여 공량을 산출하여 빈칸을 채워라.

자재명	규격	단위	수량	공량	내선전공
후강전선관	16mm	m			
후강전선관	22mm	m			
600V비닐절연전선	2.0mm	m			
600V비닐절연전선	5.5mm	m			
백열등	매입등 100W	개			
4각박스		개			
8각박스		개			
스위치박스	2개용	개			
텀플러 스위치	10A 300V	개			
매입 콘센트	2구용	개			
분전반	NFB 3P 60AF : 1EA	개			
	NFB 1P 30AF : 6EA	개			
합계					

풀이)

문제 1. 답

자재명	규격	단위	수량	할증수량	총합계
후상 전선관	16mm	m	37.7	3.77	41.47
후강 전선관	22mm	m	62.2	6.22	68.42
600V 비닐절연전선	2.0mm	m	203	20.3	223.3
600V 비닐절연전선	5.5mm	m	90.8	9.08	99.88
백열등	매입등 100W	개	21		21
4각 박스		개	6		6
8각 박스		개	20		20
스위치 박스	2개용	개	2		2
매입 콘센트	2구용	개	5		5
텀플러 스위치	10A 300V	개	4		4
스위치 플레이트	2개용	개	2		2
콘센트 플레이트	2개구용	개	5		5
부싱	16mm	개	32		32
부싱	22mm	개	22		22
로크너트	16mm	개	64		64
로크너트	22mm	개	44		44
커플링	16mm	개	9.425		10
커플링	22mm	개	15.55		16

풀이)

1. 16mm 후강 전선관의 길이는 3×4+2×12+1.7 = 37.7m이다. 또한 계산한 수량에서 할증 10%를 추가하라는 조건이 있었으므로 10%를 추가하고 수량과 할증수량을 더한 값이 총 수량이 된다.

∴ 답은 37.7+3.77 = 41.47m이다.

2. 22mm 후강 전선관의 길이는 2×6+3×13+1.5×3+0.3×8+1×2+2.3 = 62.2m이다. 또한 할증을 10% 추가하고 수량과 할증수량을 더한 값이 총 수량이 된다.

∴ 답은 62.2+6.22 = 68.42m이다.

3. 0mm 비닐절연 전선의 길이는 3×2×3+2×2×11+3×3+3×4×2+3×5+2×3+2×4×2+1.5×5+2.3×5+1.7×3+0.5×3+1.5×2+2×4+1×2+3×10+0.3×8 = 203m이고 할증 10%를 추가하고 수량과 할증수량을 더한 값이 총 수량이 된다.

∴ 답은 203+20.3 = 223.3m이다.

4. 5mm 비닐절연 전선의 길이는 3×10×2+2×4×2+1.5×2×2+0.3×8×2+1×2×2 = 90.8m이고 할증 10%를 추가하고 수량과 할증수량을 더한 값이 총 수량이 된다.

∴ 답은 90.8+9.08 = 99.88m이다.

5. 도면상의 매입 백열등은 21개이다.

6. 도면상의 4각 박스는 4조 이상의 배관과 접속되는 부분 1곳과 콘센트의 부분은 5곳이므로 총 6개가 된다.

7. 나머지 배관과 접속되는 부분이 20곳이므로 8각 박스는 20개가 된다.

8. 도면상의 스위치는 4개이고 스위치 박스가 2개용이니 스위치 박스는 2개가 필요하다.

9. 도면상 콘센트는 5개이므로 매입 콘센트는 5개가 필요하다.

10. 도면상의 스위치는 4개 이므로 텀플러 스위치는 4개가 필요하다.

11. 도면상의 스위치는 4개이므로 스위치 플레이트 2개용이 2개가 필요하다.

12. 도면상의 콘센트가 5개이므로 콘센트 플레이트는 5개가 필요하다.

13. 16mm 전선관이 16조이고 부싱은 1조당 2개로 산출한다고 하였으니 총 32개가 필요하다.

14. 22mm 전선관이 11조이고 부싱은 1조당 2개로 산출한다고 하였으니 총 22개가 필요하다.

15. 로크너트는 부싱의 2배가 되도록 산출한다. ∴32×2 = 64개

16. 로크너트는 부싱의 2배가 되도록 산출한다. ∴22×2 = 44개

17. 커플링은 전선관(할증분 제외) 4m마다 1개로 산출하고 올림한다고 하였으니 37.7÷4 = 9.425 ∴10개이다.

18. 커플링은 전선관(할증분 제외) 4m마다 1개로 산출하고 올림한다고 하였으니 62.2÷4 = 15.55 ∴16개이다.

문제 2. 답

자재명	규격	단위	수량	공량	내선전공
후강전선관	16mm	m	37.7	0.08	3.016
후강전선관	22mm	m	62.2	0.11	6.842
600V비닐절연전선	2.0mm	m	203	0.01	2.03
600V비닐절연전선	5.5mm	m	90.8	0.01	0.908
백열등	매입등 100W	개	21	0.257	5.397
4각박스		개	6	0.12	0.72
8각박스		개	20	0.12	2.4
스위치박스	2개용	개	2	0.2	0.4
텀플러 스위치	10A 300V	개	4	0.085	0.34
매입 콘센트	2구용	개	5	0.065	0.325
분전반	NFB 3P 60AF : 1EA	개	1	1.04	1.04
	NFB 1P 30AF : 6EA	개	6	0.34	2.04
합계					25.458

풀이)

문제 1에서 구한 각 수량(할증분 제외)을 인건비 산출조건에 나타난 품셈을 보고 곱하면 위의 표와 같이 답이 나타난다.

12. 단면적 330mm^{2}의 단도체 154kV 연선 송전선로 20km 2회선을 가선하기 위한 전기공사기사, 송전전공, 특별인부 노무비를 품셈표를 적용하여 각각 구하여라.(단, 송전선은 수직배열하고 보통지구이며 나머지 비용은 고려하지 않는다.) 정부 노임단가는 전기공사기사 214,690원, 송전전공 385,403원, 특별인부 133,417원이다.

송전선 가선

(단위 : km)

공종	규격	전기공사기사	송전전공	특별인부
연 선	480mm^2 6복도체	8.93	169.64	44.64
	480mm^2 4복도체	6.31	69.49	31.59
	480mm^2 복도체	4.97	44.68	19.86
	410mm^2 복도체	4.76	42.85	19.0
	410mm^2 단도체	2.48	19.84	9.92
	330mm^2 복도체	4.46	40.18	17.86
	330mm^2 단도체 이하	2.38	19.05	9.52
	160mm^2 단도체 이하	2.08	16.67	8.33

공종	규격	전기공사기사	송전전공	특별인부
긴 선	480mm^2 6복도체	0.56	9.07	3.40
	480mm^2 4복도체	0.48	5.28	3.19
	480mm^2 복도체	0.47	4.63	2.55
	410mm^2 복도체	0.46	4.35	2.40
	410mm^2 단도체	0.38	2.77	1.60
	330mm^2 복도체	0.45	3.70	2.31
	330mm^2 단도체 이하	0.37	2.68	1.54
	160mm^2 단도체 이하	0.35	2.43	1.05

【해 설】

① 1회선(3상) 수직배열, 보통지구 기준

② 수평배열 120%

③ 2회선 동시연선은 180%, 3회선 260%, 4회선 340%, 6회선 500%

④ 특수개소는(장경간) 별도 계상

⑤ 드럼장 및 엔진장조성품 포함. 다만, 각종장비(전선Puller, Tensioner, Winch, 크레인 등) 사용료는 별도 계상

풀이)

12. 답)
전기공사기사 노무비 : 4,723,180원
송전전공 노무비 : 301,493,059원
특별인부 노무비 : 3,121,312원

풀이)
1. 공량을 먼저 구한다. 연선작업
전기공사기사 2.38×20×1.8 = 85.68인
송전전공 19.05×20×1.8 = 685.8인
특별인부 9.52×20×1.8 = 342.72인

2. 긴선작업
전기공사기사 0.37×20×1.8 = 13.32인
송전전공 2.68×20×1.8 = 96.48인
특별인부 1.54×20×1.8 = 55.44인

3. 소계 : 전기공사기사 85.68+13.32 = 99인
송전전공 685.8+96.48 = 782.28인
특별인부 342.72+55.44 = 398.16인

4. 전기공사기사 노무비 : 214,690×99 = 4,723,180원
송전전공 노무비 : 782.28×385,403 = 301,493,059원
특별인부 노무비 : 398.16×133,417 = 53,121,312원

13. 다음은 어느 수용가의 간이 수·변전 설비이다. 다음 도면을 보고 기기별 수량을 산출하고 인건비를 계산하라.

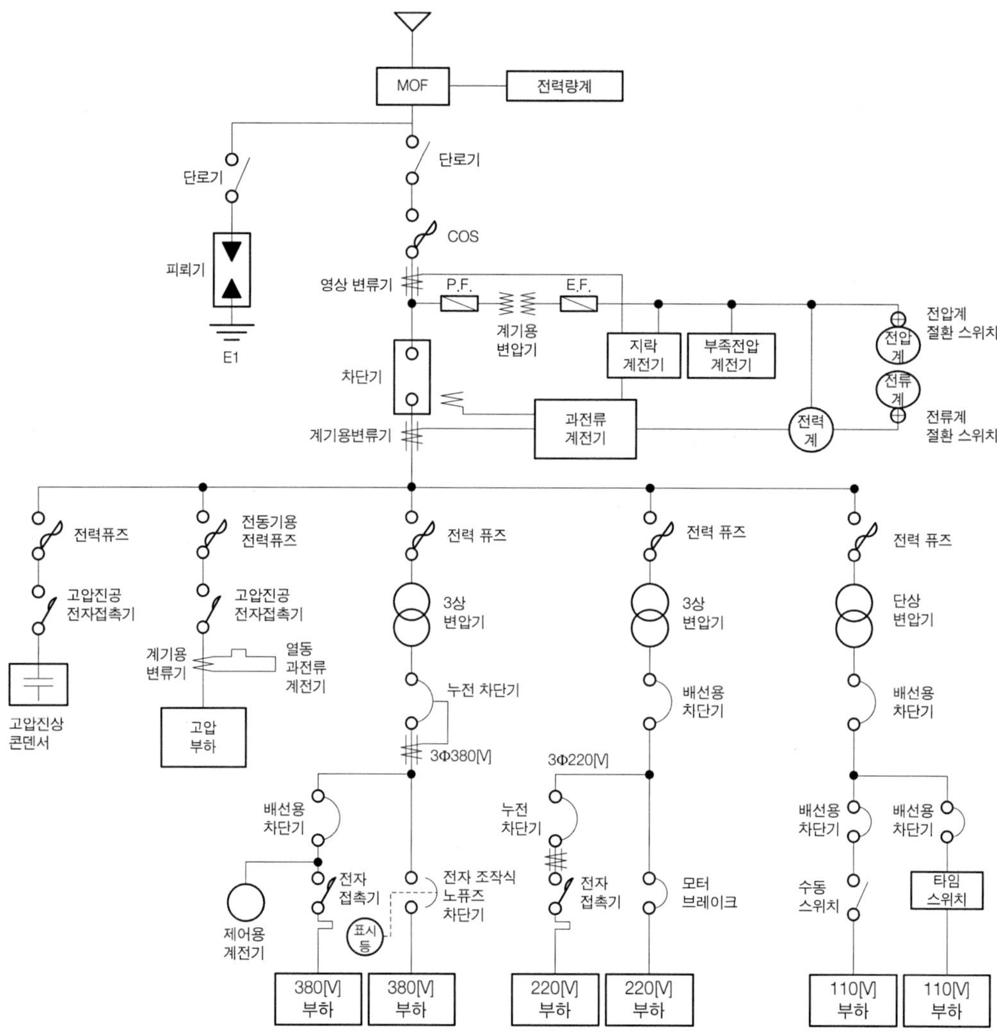

시설조건

1. 옥내설치이며 모든 기기는 시험을 통과한 규격품이다.
2. 변압기는 주상 변압기를 사용한다.
3. 주어진 품목에 대해서만 산출할 것.
4. 금액 산출시 1원 미만은 버릴 것.
5. 인공은 소수점 둘째 자리까지 반올림하여 구할 것.

표준노임단가

번호	직종명	단가
1	변전전공	280,556
2	배전전공	303,747
3	내선전공	199,157

문제 1. 다음 산출 내역서의 빈칸을 채우고, 직종명의 공량의 합을 채워라.

번호	품명	규격	단위	수량	품셈		공량
1	계기용 변성기	22kV	대		변전전공	1.04	
2	단로기	25.8kV	개		배전전공	0.44	
3	컷아웃스위치		개		배전전공	0.12	
4	피뢰기	22.9kV/2500A	개		배전전공	0.11	
5	영상변류기	100A/5A	대		내선전공	0.4	
6	계기용 변류기	22kV, 20A/5A	대		변전전공	0.34	
7	전력퓨즈	24kV, 50A	개		배전전공	0.12	
8	특고압 진상콘덴서	KSC : 4802	개		배전전공	1.02	
9	3상 변압기	22.9kV/380V	대		변전전공	4	
10	3상 변압기	22.9kV/220V	대		변전전공	2.4	
11	단상변압기	22.9kV/110V	대		변전전공	1.8	
12	누전차단기	380V/50AF	개		내선전공	0.29	
13	배선용차단기	220V/30AF	개		내선전공	0.19	
14	배선용차단기	110V/30AF	개		내선전공	0.19	

번호	직종명	총 인공 수
1	변전전공	
2	배전전공	
3	내선전공	

문제 2. 문제 1에서 산출한 데이터를 가지고 인건비를 계산하여라.

번호	직종명	총 인건비
1	변전전공	
2	배전전공	
3	내선전공	

풀이)

문제 1. 답

번호	품명	규격	단위	수량	품셈		인공 수
1	계기용 변성기	22kV	대	1	변전전공	1.04	1.04
2	단로기	25.8kV	개	2	배전전공	0.44	0.88
3	컷아웃스위치		개	1	배전전공	0.12	0.12
4	피뢰기	22.9kV/2500A	개	1	배전전공	0.11	0.11
5	영상변류기	100A/5A	대	1	내선전공	0.4	0.4
6	계기용 변류기	22kV, 20A/5A	대	2	변전전공	0.34	0.68
7	전력퓨즈	24kV, 50A	개	4	배전전공	0.12	0.48
8	특고압 진상콘덴서	KSC : 4802	개	1	배전전공	1.02	1.02
9	3상 변압기	22.9kV/380V	대	1	변전전공	4	4
10	3상 변압기	22.9kV/220V	대	1	변전전공	2.4	2.4
11	단상변압기	22.9kV/110V	대	1	변전전공	1.8	1.8
12	누전차단기	380V/50AF	개	1	내선전공	0.29	0.29
13	배선용차단기	220V/30AF	개	1	내선전공	0.19	0.19
14	배선용차단기	110V/30AF	개	1	내선전공	0.19	0.19

번호	직종명	총 인공 수
1	변전전공	9.92
2	배전전공	2.61
3	내선전공	0.88

풀이)

1. 표에 제시된 부품들을 도면에서 찾아 개수를 구한다.
2. 개수와 품셈에 나와 있는 공량을 곱하여라.
3. 각 직종명의 인공 수를 더하면 된다.

문제 2. 답

번호	직종명	총 인건비
1	변전전공	2,783,116
2	배전전공	792,780
3	내선전공	175,258

풀이)

변전전공 : 9.92×280,556 = 2,783,116

배전전공 : 2.61×303747 = 792,780

내선전공 : 0.88×199,157 = 175,258

14. **다음은 특고압 수·변전 설비이다. 다음을 읽고 질문에 답하여라.**

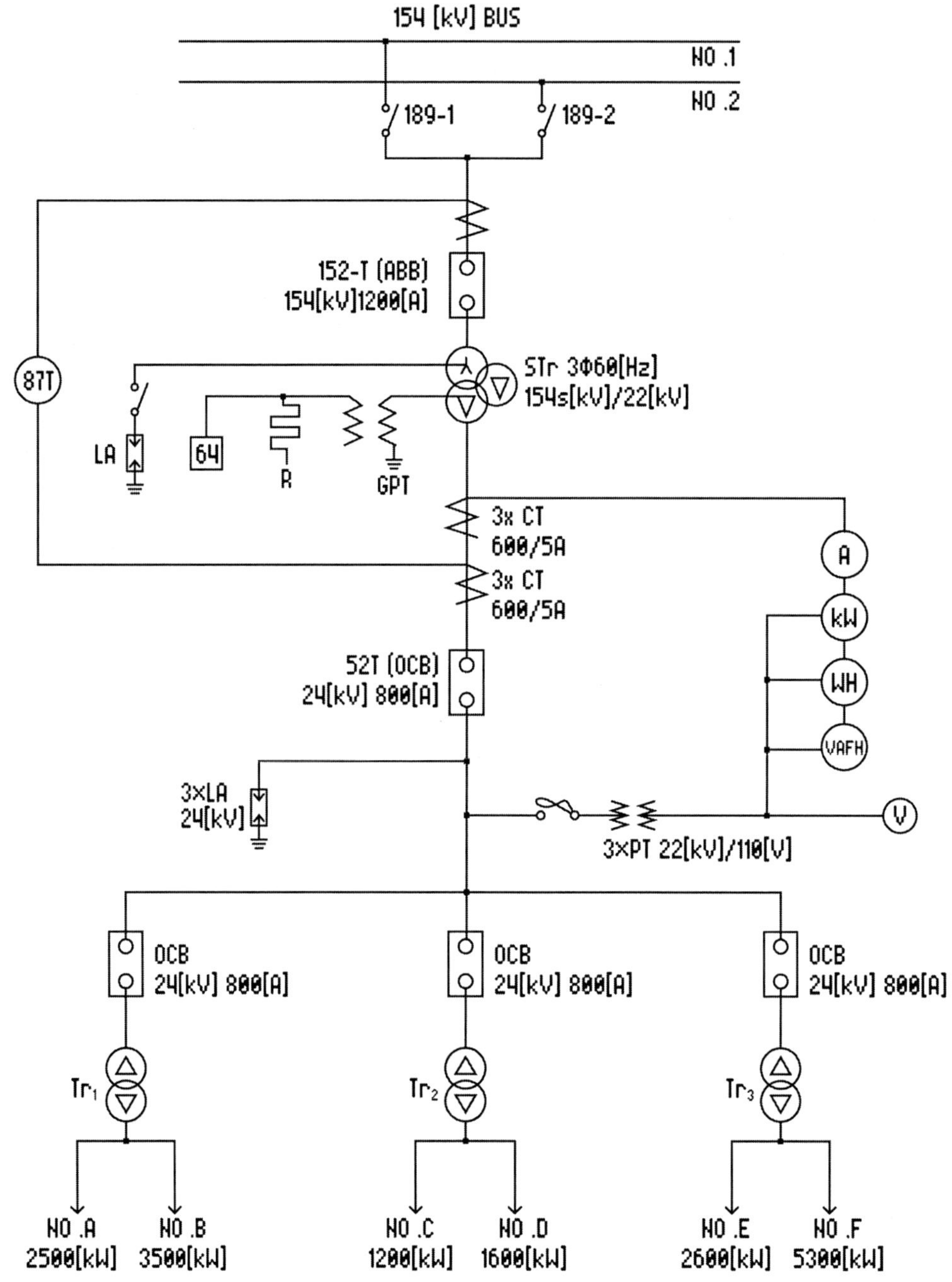

견적조건

1. 모든 기기류는 시험을 통과한 것이다.
2. 금액 산출시 1원 미만을 버려라.
3. 인공 산출은 소수점 둘째 자리까지 구하고, 셋째 자리에서 반올림 하여라.
4. 표준품셈을 참고하여 인공수와 인건비를 계산하라.
5. 임의로 계산하지 말 것.

표준품셈

직종명 \ 제품명	154kV차단기	154kV피뢰기	22kV피뢰기	154kV변압기
변전전공	40.5	2.9	0.7	97
특별인부	63.4	2.7	1	168
보통인부	0.74			
직종명 \ 제품명	**24kV변압기**	**계기용변류기**	**계기용변압기**	**OCB**
변전전공	2.1	1.04	1.04	5.9
특별인부	2.7	1.03	1.03	6.2
보통인부				1.6

표준노임단가

번호	직종명	단가
1	변전전공	280,556
2	특별인부	133,417
3	보통인부	109,819
4	비계공	196,261
5	기계설비공	145,131

문제 1. 위의 도면을 보고 재료비를 산출하여라.

번호	명칭	규격	단위	수량	단가	금액
1	GIS(152T)	154kV/1200A	개		81,092,000	
2	LA	154kV	개		21,340	
		24kV	개		6,402	
3	TR	154kV/22kV	대		480,150,000	
4	TR1~3	24kV/220V	대		1,493,800	
5	CT	600/5A	대		250,000	
6	PT	22kV/110V	대		700,000	
7	OCB	24kV/800A	개		11,960,000	

풀이)

문제 2. 위의 도면과 문제 1의 표를 참고하여 인공수와 임금을 계산하라.

번호	직종명	단위	수량	단가	금액
1	변전전공	인			
2	비계공	인	77.4		
3	기계설비공	인	29.8		
4	특별인부	인			
5	보통인부	인			
6	인력운반공	인	106		

풀이)

문제 1. 답

번호	명칭	규격	단위	수량	단가	금액
1	GIS(152T)	154kV/1200A	개	1	81,092,000	81,092,000
2	LA	154kV	개	1	21,340	21,340
		24kV	개	3	6,402	19,206
3	TR	154kV/22kV	대	1	480,150,000	480,150,000
4	TR1~3	24kV/220V	대	3	1,493,800	4,481,400
5	CT	600/5A	대	6	250,000	1,500,000
6	PT	22kV/110V	대	3	700,000	2,100,000
7	OCB	24kV/800A	개	3	11,960,000	35,880,000

풀이)

1. 주어진 도면을 보고 각 물품의 수량을 계산한다.
2. 주어진 단가와 수량을 곱하여 금액을 계산한다.

문제 2. 답

번호	직종명	단위	공량	단가	노무비
1	변전전공	인	151.18	280,556	42,414,456
2	비계공	인	77.4	196,261	15,190,601
3	기계설비공	인	29.8	145,131	4,324,904
4	특별인부	인	246.06	133,417	32,828,587
5	보통인부	인	2.34	109,819	256,976
6	인력운반공	인	106	124,911	13,240,566

풀이)

1. 품셈에서 주어진 공량을 가지고 각 제품의 공량을 더한다.
2. 주어진 노임단가를 적는다.
3. 공량과 단가를 곱하여 노무비를 산출한다.

문제 15. 다음은 22.9kV 3상 4선식의 전주 도면이다. 다음의 표를 보고 물량을 산출하여라.

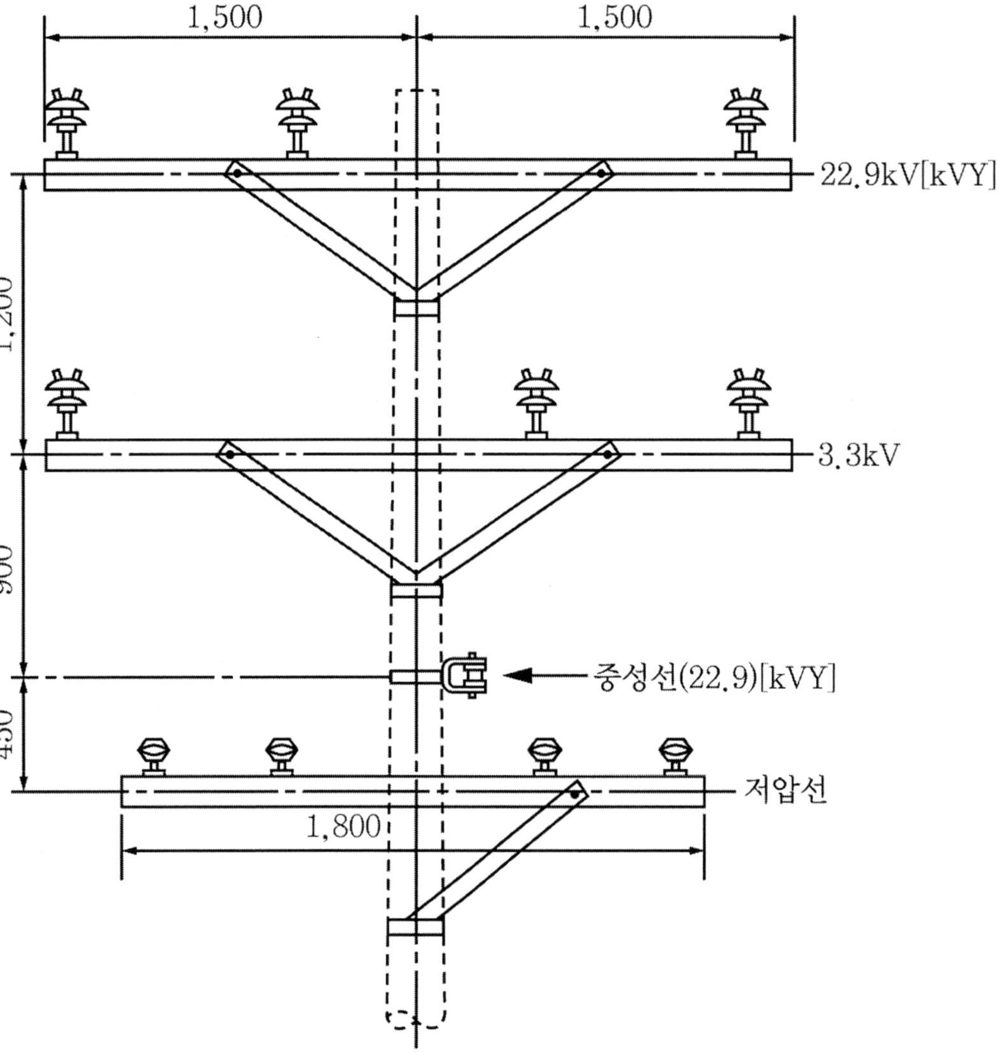

문제 1.

번호	제품명	규격	단위	수량
1	철근콘크리트주	12m, 70kg	본	
2	특고압핀애자	23kV	개	
3	고압핀애자	3.3kV	개	
4	저압핀애자	600V	개	
5	완금	90×90×3000mm	개	
6		90×90×1800mm	개	
7	암타이		개	
8	암타이밴드		개	
9	래크		개	
10	래크밴드		개	
11	볼트	16Φ×60mm	본	
12	근가블록	1.5m	개	
13	근가용 U 볼트	400mm	개	
14	접지봉	19×2.4m	개	

문제 1. 답

번호	제품명	규격	단위	수량
1	철근콘크리트주	12m, 70kg	본	1
2	특고압핀애자	23kV	개	3
3	고압핀애자	3.3kV	개	3
4	저압핀애자	600V	개	4
5	완금	90×90×3000mm	개	2
		90×90×1800mm	개	1
6	암타이		개	5
7	암타이밴드		개	3
8	래크		개	1
9	래크밴드		개	1
10	볼트	16Φ×60mm	본	5
11	근가블록	1.5m	개	1
12	근가용 U 볼트	400mm	개	1
13	접지봉	19×2.4m	개	3

16. 아래는 22.9kV의 3상 4선식의 전주 도면이다. 500m 직선거리에 50m 간격으로 전주를 설치하려고 할 때 공량과 인건비를 계산하여라. (단, 시작되는 점에 전주가 설치되어 있다고 가정한다.)

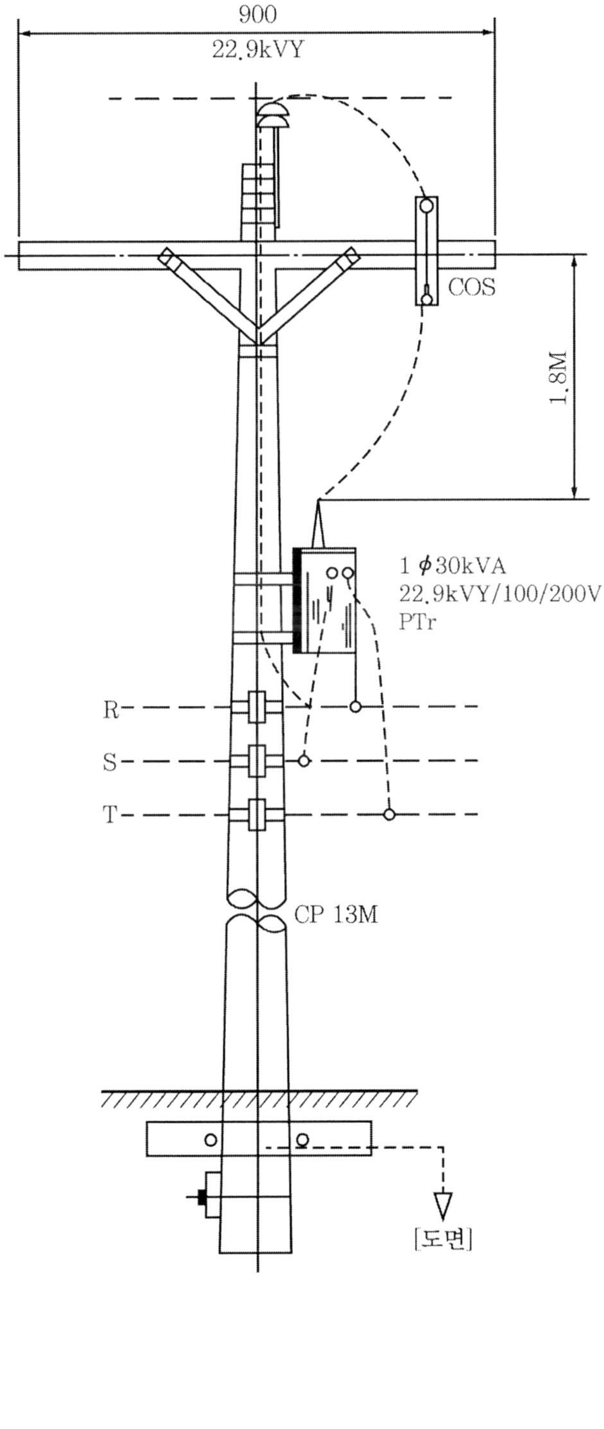

[도면]

견적조건

1. 공량은 소수점 둘째 자리까지 구하고, 셋째 자리에서 반올림하여 구한다.
2. 현장내의 잔토처리는 없는 것으로 간주한다.
3. 전주의 길이는 총 전주의 1/6을 묻는 것을 기준으로 한다.
4. 임의의 계산을 하지 말 것.
5. 아래의 품셈과 표준 노임단가를 기준으로 계산한다.

표준 노임단가

번호	직종명	단가
1	배전전공	303,747
2	보통인부	109,819

철근 콘크리트주 인력 건주

(단위 : 본)

규격	배전전공	보통인부
8m 이하	0.89	1.01
10m 이하	1.1	1.39
12m 이하	1.52	1.6
14m 이하	1.95	2.29
16m 이하	2.7	2.76

【해 설】

① 전주 길이의 1/6을 묻는 기준이며, 계단식터파기, 되메우기 포함, 암반터파기는 별도 계상

② 현장 내에서 잔토처리 시 ㎥당 보통인부 0.17인 별도 계상, 현장 밖으로 잔토처리 시는 적상, 적하비용 및 운반비는 별도 계상

문제 1. 총 공량과 인건비를 빈칸에 기입하여라.

번호	직종명	인공 수	단가	인건비
1	배전전공			
2	보통인부			

풀이)

문제 1. 답

번호	직종명	인공 수	단가	인건비
1	배전전공	21.45	303,747	6,515,373
2	보통인부	25.19	109,819	2,766,341

풀이)

1. 전주의 총 개수를 구한다. 0m에서부터 전주가 있다고 가정하니 총 전주의 개수는 11개가 된다.

2. 도면에 따르면 전주의 총 길이는 13m이므로 배전전공의 공량과 보통인부의 공량은 14m 이하의 조건에 따른다.

3. 공량과 수량을 곱하여 인공 수를 계산한다.

4. 표준 노임단가의 단가를 참조하여 인공 수와 단가를 곱하여 인건비를 산출한다.

17. 다음은 어느 세대의 아파트 평면도이다. 아래의 사항을 유의하여 엑셀과 함께 재료비, 인건비, 경비, 부가가치세, 이윤 등을 계산하고 총 공사비를 구하여라. 또한 주어진 견적서를 완성하라.

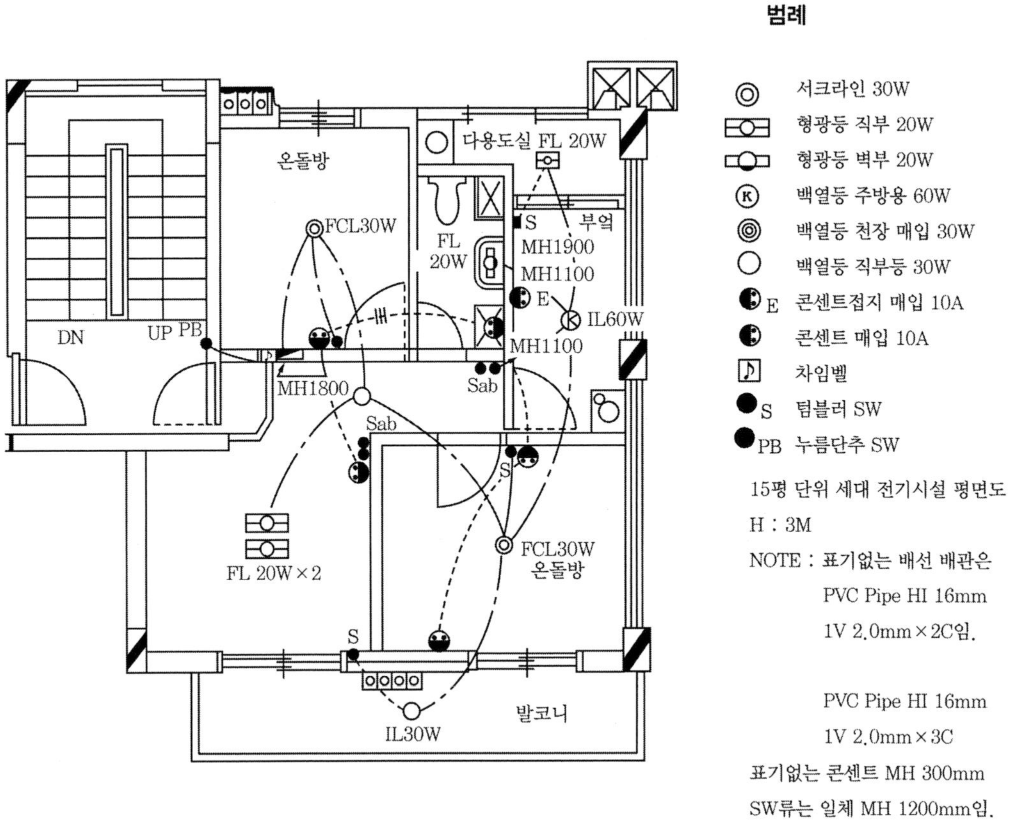

견적조건

1. 재료비 중 주어지지 않은 물가자료는 직접 찾아서 기입하여라.
2. 임의의 계산을 하지 말 것.
3. 부가가치세, 이윤 등은 품셈을 참고하여라.
4. 커넥터의 공량은 무시한다.
5. 간접 노무비는 직접 노무비의 15%로 계산한다.
6. 간접 재료비는 직접 재료비의 5%로 계산한다.
7. 경비는 전력비, 운반비, 보험료의 합계로 계산하고 보험료를 제외한 항목은 직접재료비의 3%, 보험료는 직접 노무비의 15%로 계산한다.
8. 본 공사의 총 비용은 30억 원 미만으로 가정한다.

견적서 양식

견 적 서

2018년 2월 5일 아래와 같이 견적합니다.	공급자	등록번호	123-00-45678		
		상호 (법인명)		성명	
		사 업 장			
합계금액 원정		전화번호			

번호		공급가액
1	재료비	
	직접 재료비	
	간접 재료비	
	합계	
2	인건비	
	직접 노무비	
	간접 노무비	
	합계	
3	경비	
	전력비	
	운반비	
	보험료	
	합계	
	순 공사 원가	
4	일반관리비	
5	이윤	
6	**공급가총액**	
7	부가가치세	
8	**합계금액**	

문제 1. 재료비를 구하여라.

번호	품명	규격	단위	수량	단가	금액
1	PVC전선관	HI 16mm	m	63	320	
2	커넥터	PVC 16mm	개	44	850	
3	커플링	PVC 16mm	개	15	1,500	
4	비닐전선	IV 2.0mm	m	141	180	
5	4각 박스	54mm	개	9		
6	8각 박스	44mm	개	5		
7	스위치박스	44mm	개	8		
8	서크라인	체인 FCL 30W	개	1	3,400	
9	형광등	갓부 노출 20W	개	2	25,800	
10	형광등	벽부 20W	개	1	35,800	
11	백열등기구	주방용 60W	개	1	2,000	
12	백열등기구	천장매입 30W	개	1	1,500	
13	백열등기구	직부등 30W	개	1	1,500	
14	플렉시블	16mm	m	3	1,200	
15	플렉시블 커넥터	16mm	개	12	500	
16	텀블러스위치	250V 10A	개	8		
17	누름버튼스위치	250V, 1A	개	1	500	
18	차임벨	100V, 15A	개	1	10,500	
19	콘센트	250V 15A 매입 1구	개	1	2,300	
20	콘센트	250V 15A 매입	개	4	2,000	
21	콘센트	250V 15A 노출형	개	2	2,000	
22	와이어커넥터	Y형 2가닥	개	28	400	
23	PVC분전함	누전차단기	개	1	23,000	
24	잡재료	5%				
25	합계					

풀이)

문제 2. 인건비를 구하여라.

번호	품명	규격	단위	수량	공량
1	pvc전선관	HI 16mm	m	63	2.9
2	커넥터	PVC 16mm	개	44	
3	비닐전선	IV 2.0mm	m	141	1.29
4	4각 박스	54mm	개	9	0.99
5	8각 박스	44mm	개	5	0.55
6	스위치박스	44mm	개	8	1.6
7	서크라인	체인 FCL 30W	개	1	0.52
8	형광등	갓부 노출 20W	개	2	0.322
9	형광등	벽부 20W	개	1	0.146
10	백열등기구	주방용 60W	개	1	0.17
11	백열등기구	천장매입 30W	개	1	0.17
12	백열등기구	직부등 30W	개	1	0.17
13	플렉시블	16mm	m	3	0.117
14	텀블러스위치	250V 10A	개	8	0.052
15	누름버튼스위치	250V, 1A	개	1	0.065
16	차임벨	100V, 15A	개	1	0.1
17	콘센트	250V 15A 매입 1구	개	1	0.26
18	콘센트	250V 15A 매입	개	4	0.156
19	콘센트	250V 15A 노출형	개	2	0.27
20	와이어커넥터	Y형 2가닥	개	28	
21	분전함	NFB3P30A	개	1	0.84
	합계				

총인건비

번호	직종명	단가	공량	노무비
1	내선전공	199,157		
2	공구손료			

풀이)

문제 1. 답

번호	품명	규격	단위	수량	단가	금액
1	PVC전선관	HI 16mm	m	63	320	20,160
2	커넥터	PVC 16mm	개	44	850	37,400
3	커플링	PVC 16mm	개	15	1,500	22,500
4	비닐전선	IV 2.0mm	m	141	180	25,380
5	4각 박스	54mm	개	9	2,000	18,000
6	8각 박스	44mm	개	5	800	4,000
7	스위치박스	44mm	개	8	1,000	8,000
8	서크라인	체인 FCL 30W	개	1	3,400	3,400
9	형광등	갓부 노출 20W	개	2	25,800	51,600
10	향광등	벽부 20W	개	1	35,800	35,800
11	백열등기구	주방용 60W	개	1	2,000	2,000
12	백열등기구	천장매입 30W	개	1	1,500	1,500
13	백열등기구	직부등 30W	개	1	1,500	1,500
14	플렉시블	16mm	m	3	1,200	3,600
15	플렉시블 커넥터	16mm	개	12	500	6,000
16	텀블러스위치	250V 10A	개	8	3,000	24,000
17	누름버튼스위치	250V, 1A	개	1	500	500
18	차임벨	100V, 15A	개	1	10,500	10,500
19	콘센트	250V 15A 매입 1구	개	1	2,300	2,300
20	콘센트	250V 15A 매입	개	4	2,000	8,000
21	콘센트	250V 15A 노출형	개	2	2,000	4,000
22	와이어커넥터	Y형 2가닥	개	28	400	11,200
23	PVC분전함	누전차단기	개	1	23,000	23,000
24	잡재료	5%				16,217
	합계					340,557

풀이)

1. 문제에 나타나있지 않은 값은 인터넷을 통하여 찾아서 기입한다.
2. 총 합계를 더한다.

문제 2. 답

번호	품명	규격	단위	수량	공량
1	pvc전선관	HI 16mm	m	63	2.9
2	커넥터	PVC 16mm	개	44	
3	비닐전선	IV 2.0mm	m	141	1.29
4	4각 박스	54mm	개	9	0.99
5	8각 박스	44mm	개	5	0.55
6	스위치박스	44mm	개	8	1.6
7	서크라인	체인 FCL 30W	개	1	0.52
8	형광등	갓부 노출 20W	개	2	0.322
9	형광등	벽부 20W	개	1	0.146
10	백열등기구	주방용 60W	개	1	0.17
11	백열등기구	천장매입 30W	개	1	0.17
12	백열등기구	직부등 30W	개	1	0.17
13	플렉시블	16mm	m	3	0.117
14	텀블러스위치	250V 10A	개	8	0.052
15	누름버튼스위치	250V, 1A	개	1	0.065
16	차임벨	100V, 15A	개	1	0.1
17	콘센트	250V 15A 접지 매입 1구	개	1	0.26
18	콘센트	250V 15A 매입	개	4	0.156
19	콘센트	250V 15A 노출형	개	2	0.27
20	와이어커넥터	Y형 2가닥	개	28	
21	분전함	NFB3P30A	개	1	0.84
	합계				10.69

총인건비

번호	직종명	단가	공량	노무비
1	내선전공	199,157	10.7	2,128,590
2	공구손료			63,858

풀이)

1. 각 공량을 전부 더한다.
2. 내선전공의 인건비와 공량을 곱하여 내선전공의 직접 노무비를 측정한다.
3. 공구손료는 직접 노무비의 3% 이므로 내선전공의 노무비에 3%를 곱하여 구한다.

완성된 견적서

견 적 서

2018년 2월 5일 아래와 같이 견적합니다.	공급자	등록번호	123-00-45678		
		상호 (법인명)		성명	
		사 업 장			
합계금액 원정		전화번호			

번호		공급가액
1	재료비	
	직접 재료비	340,557
	간접 재료비	17,028
	합계	**357,585**
2	인건비	
	직접 노무비	2,128,590
	간접 노무비	319,289
	합계	**2,447,879**
3	경비	
	전력비	10,217
	운반비	10,217
	보험료	319,289
	합계	**339,722**
	순 공사 원가	**3,145,185**
4	일반관리비	188,711
5	이윤	446,447
6	**공급가총액**	**3,780,343**
7	부가가치세	378,034
8	**합계금액**	4,158,377

18. 다음 그림은 전주의 도면이다. 이때 1~8까지의 명칭을 쓰시오.

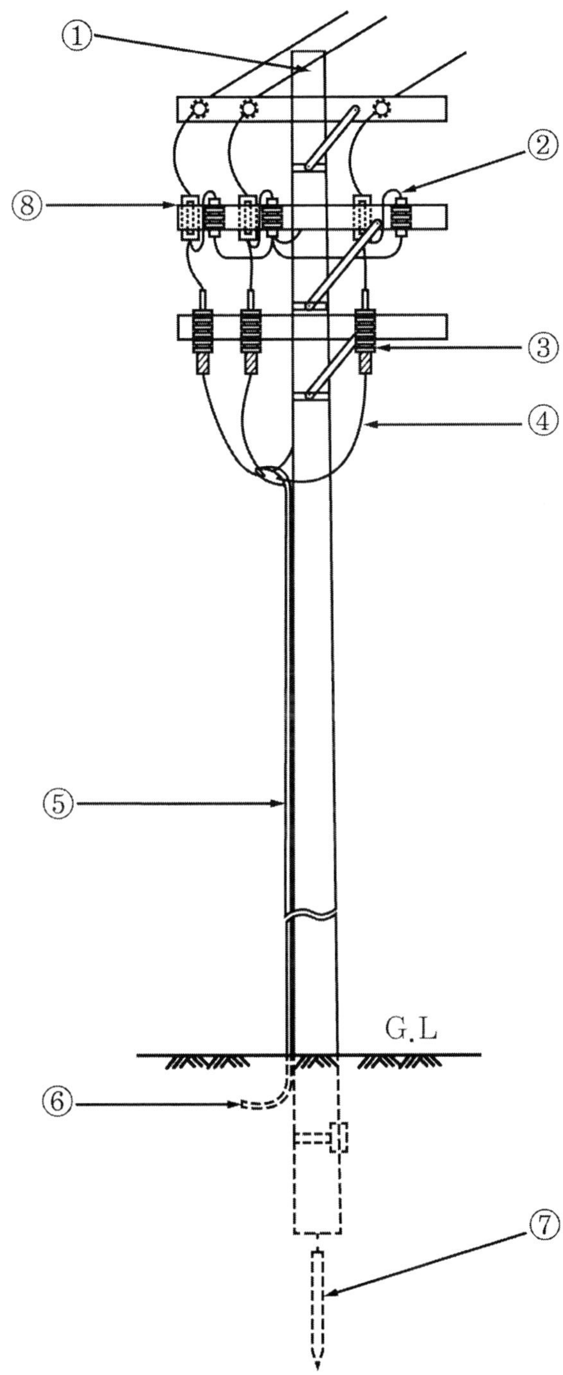

답)

1.
2.
3.
4.
5.
6.
7.
8.

문제 18. 답

1. 콘크리트 전주
2. LA(피뢰기)
3. 케이블헤드
4. CV 케이블
5. 흄관(백관)
6. 노말밴드
7. 접지봉
8. COS

19. **다음 그림과 같이 나트륨 200W 가로등을 설치하고자 한다. 다음 조건에 맞게 답하여라.**

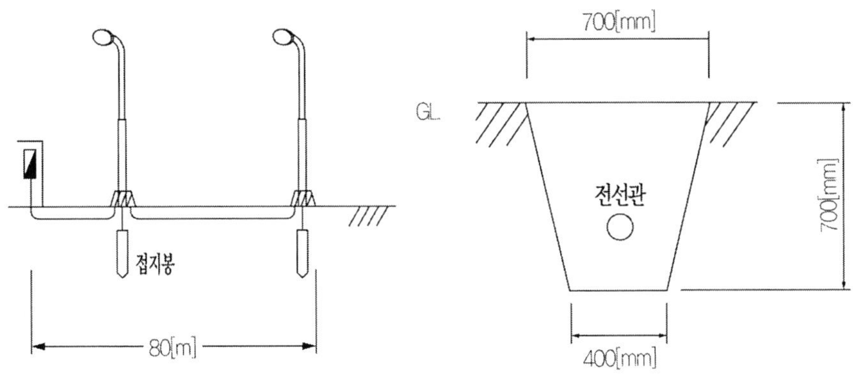

조건)

1. 전선관 단면적 무시
2. 잔토처리 생략
3. 터파기 및 되메우기 보통인부 각각 m^3 당 0.28인, 0.1인이다.
4. 외등 기초용 터파기는 개당 $0.615m^3$이고 콘크리트 타설량은 $0.496m^3$이다.
5. 케이블은 EV 1C - $5.5mm^2 \times 2$ 이다.
6. 배관매설은 그림과 같다.
7. 저압 케이블의 인공은 0.013이다.

문제)

가. 외등 기초를 포함한 전체 터파기량과 인공을 구하시오.

나. 외등 기초를 포함한 전체 되메우기량과 인공을 구하시오.

다. 케이블의 인공을 구하시오.

답)

가.

나.

다.

풀이)

문제 19. 답

가. 전체 더파기량 : $\frac{0.7+0.4}{2}\times 0.7\times 80 = 30.8\text{m}^3$

기초 더파기가 0.615m^3이므로 30.8+0.615×2 = 32.03m^3

인공 = 32.03×0.28 = 8.97

∴ 더파기량 : 32.03m^3

인공 : 8.97인 이다.

나. 되메우기량 = 전체 더파기량 - 콘크리트 타설량

= 32.02-0.496×2 = 31.028m^3 이다.

인공 : 31.028×0.1 = 3.10인

∴ 되메우기량 : 31.028m^3

인공 : 3.1인 이다.

다. 0.013×80×2 = 2.08

∴케이블인공 : 2.08인 이다.

20. 다음 도면과 같이 변전소에 케이블 포설을 하고자 한다. 유의사항과 품셈을 참조하여 물음에 답하여라.

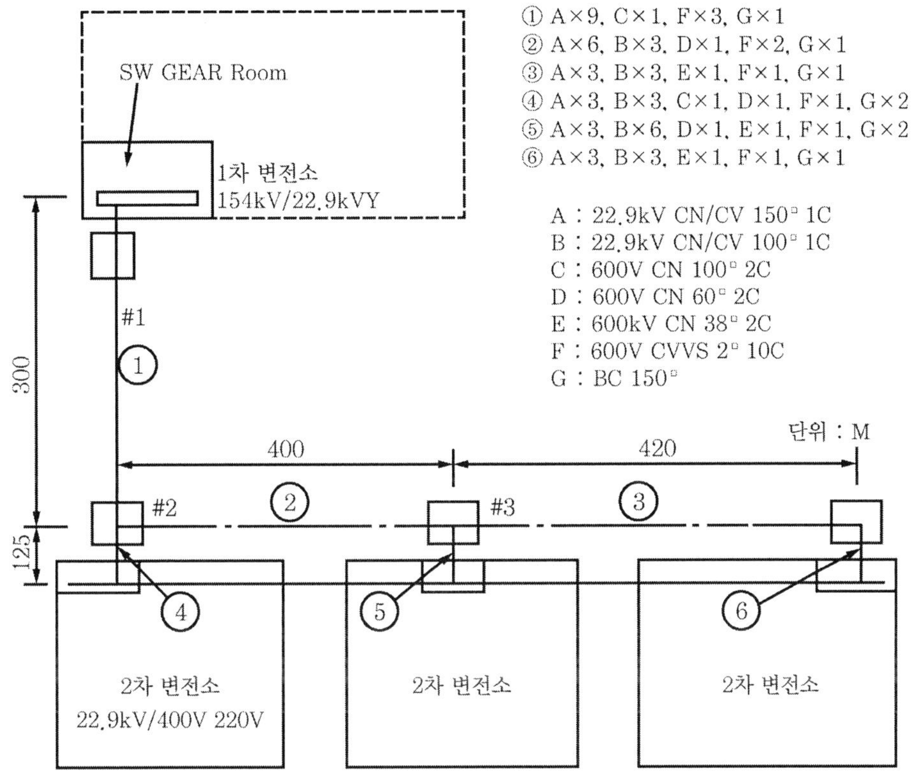

※ 콘크리트 트로프 부설 : ①, ②, ③, ④, ⑤, ⑥

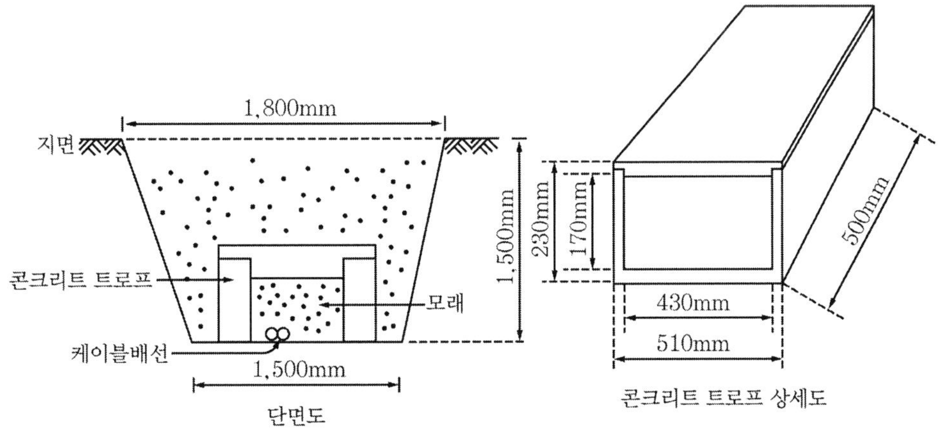

케이블 포설 공사 (콘크리트 트로프내 배선)

유의사항

1. 도면에 표시된 치수를 기준으로 한다.
2. 케이블의 총 수량의 10% 할증을 한다.
3. 소수점 미만은 반올림한다.
4. 맨홀과 관로는 완성되어있다.
5. 맨홀에서 S. W. Gear room과 2차 변전소간의 거리는 표시된 숫자만큼 계산한다.
6. 인건비 산출시 소수점이하 셋째자리에서 반올림 하여라.
7. 인공은 할증을 전부 계산한 다음 구하고 집계 시에는 소수점 이하를 버린다.
8. #은 맨홀표시이다.
9. CVVS는 차폐된 것이고 CV는 차폐가 없는 것이다.
10. 콘크리트 트러프 내부만 모레도 충만시킨다.
11. 모래는 20%의 할증을 하고 케이블의 체적은 무시한다.
12. 되메우기 공량 산출시 잔토처리는 무시한다.

문제 1. 다음 공사의 자재량을 구하여라.

번호	품명	규격	단위	수량	단가	총 금액
1	케이블	22.9kV CN-CN 150㎟ 1C	m		26,000	
2	케이블	22.9kV CN-CN 100㎟ 1C	m		20,000	
3	케이블	600V CV 100㎟ 2C	m		9,970	
4	케이블	600V CV 60㎟ 2C	m		5,250	
5	케이블	600V CV 38㎟ 2C	m		4,070	
6	케이블	600V CVVS 2㎟ 10C	m		4,760	
7	경동연선	BC 150㎟	m		6,570	
8	케이블헤드	22.9kV 150㎟ 1C	개		116,200	
9	CH단말처리	22.9kV 100㎟ 1C	개	12	113,900	
10	콘크리트트로프	내경 430×170×500	개	2990	26,000	
11	모래		㎥	131.1	10,000	
	총계					

풀이)

문제 2. 인공계를 계산하여라.

번호	품명	규격	단위	직종	수량	공량	인공계
1	케이블	22.9kV CN-CN 150㎟ 1C	m	특고압케이블전공		0.097	
2	케이블	22.9kV CN-CN 100㎟ 1C	m	특고압케이블전공		0.071	
3	케이블	600V CV 100㎟ 2C	m	저압케이블전공		0.071	
4	케이블	600V CV 60㎟ 2C	m	저압케이블전공		0.049	
5	케이블	600V CV 38㎟ 2C	m	저압케이블전공		0.036	
6	케이블	600V CVVS 2㎟ 10C	m	저압케이블전공		0.048	
7	경동연선	BC 150㎟	m	내선전공		0.088	
8	케이블헤드	22.9kV 150㎟ 1C	개	특고압케이블전공		1.39	
9	CH단말처리	22.9kV 100㎟ 1C	개	특고압케이블전공		1.2	
10	콘크리트 트로프	내경 430×170×500	개	특별인부		0.129	
11	터파기		㎥	보통인부	2215.1	0.28	
12	되메우기		㎥	보통인부	2110.1	0.1	
13	모래깔기		㎥	보통인부	65.4	0.1	

풀이)

문제 3. 인건비를 계산하여라.

번호	직종	단위	단가	인공계	금액
1	특고압케이블전공	인			
2	저압케이블전공	인			
3	내선전공	인			
4	특별인부	인			
5	보통인부	인			
	총계				

풀이)

문제 1. 답

번호	품명	규격	단위	수량	단가	총 금액
1	케이블	22.9kV CN-CN 150□ 1C	m	8234	26,000	214,084,000
2	케이블	22.9kV CN-CN 100□ 1C	m	4356	20,000	87,120,000
3	케이블	600V CV 100□ 2C	m	468	9,970	4,665,960
4	케이블	600V CV 60□ 2C	m	605	5,250	3,176,250
5	케이블	600V CV 38□ 2C	m	737	4,070	2,999,590
6	케이블	600V CVVS 2□ 10C	m	2741	4,760	13,047,160
7	경동연선	BC 150□	m	1920	6,570	12,614,400
8	케이블헤드	22.9kV 150□ 1C	개	18	116,200	2,091,600
9	CH단말처리	22.9kV 100□ 1C	개	12	113,900	1,366,800
10	콘크리트트로프	내경 430×170×500	개	2990	26,000	77,740,000
11	모래		㎥	131.1414	10,000	1,311,414
	총계					420,217,174

풀이)

1. (9×300+6×400+3×420+3×125×3)×1.1 = 8234

도면에 나와 있는 전선의 개수와 1~6까지의 각 길이를 곱하고 각 길이를 더하면 된다.

2. (3×400+3×420+(3+6+3)×125×)1.1= 4356
3. (1×300+1×125)×1.1= 468
4. (1×300+2×125)×1.1= 605
5. (1×420+2×125)×1.1= 737
6. (3×300+2×400+1×420+3×124)×1.1= 2741
7. (1×300+1×400+1×420+5×125)×1.1= 1920
8. 케이블헤드는 각 종단 지점이 18곳이므로 18이다.

주어진 단가와 수량을 곱하면 총 금액이 나온다.

문제 2. 답

번호	품명	규격	단위	직종	수량	공량	인공계
1	케이블	22.9kV CN-CN 150㎟ 1C	m	특고압케이블전공	8234	0.097	798
2	케이블	22.9kV CN-CN 100㎟ 1C	m	특고압케이블전공	4356	0.071	309
3	케이블	600V CV 100㎟ 2C	m	저압케이블전공	468	0.071	33
4	케이블	600V CV 60㎟ 2C	m	저압케이블전공	605	0.049	29
5	케이블	600V CV 38㎟ 2C	m	저압케이블전공	737	0.036	26
6	케이블	600V CVVS 2㎟ 10C	m	저압케이블전공	2741	0.048	131
7	경동연선	BC 150㎟	m	내선전공	1920	0.088	168
8	케이블헤드	22.9kV 150㎟ 1C	개	특고압케이블전공	18	1.39	25
9	CH단말처리	22.9kV 100㎟ 1C	개	특고압케이블전공	12	1.2	14
10	콘크리트트로프	내경 430×170×500	개	특별인부	2990	0.129	385
11	터파기		㎥	보통인부	2215.1	0.28	620
12	되메우기		㎥	보통인부	2110.1	0.1	211
13	모래깔기		㎥	보통인부	65.4	0.1	6

풀이)

문제 1에서 계산한 수량을 공량과 곱하여 인공계를 나타낸다.

문제 3. 답

번호	직종	단위	단가	인공계	금액
1	특고압케이블전공	인	228,346	1146	261,684,516
2	저압케이블전공	인	219,560	219	48,083,640
3	내선전공	인	199,157	168	33,458,376
4	특별인부	인	133,417	385	51,365,545
5	보통인부	인	109,819	837	91,918,503
	총계				486,510,580

풀이)

표준노임단가를 가지고 문제 2에서 계산한 인공계와 곱하여 인건비를 구한다.

21. 다음은 22.9kV 선방 선로 공사의 도면이다. 다음 도면을 보고 아래의 물음에 답하여라.

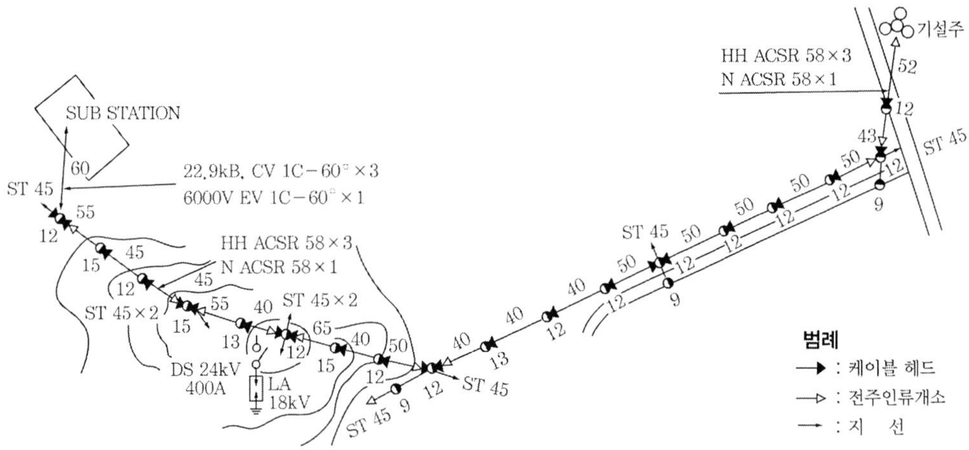

유의사항

1. 자재비에서 옥외전선, 케이블의 할증은 3%로 본다.
2. 인건비 산출 시에 재료의 할증은 제외한다.
3. 임의의 계산을 하지 않는다.
4. 인공계산은 소수점 둘째 자리까지 구한다.
5. 전주 근가는 1개씩 계산하고 지주에도 1개씩 취부하여 계산할 것.
6. 1D/M의 길이는 600M이다.
7. 완철의 총 수량은 30개로 한다.
8. 특고압용 핀애자는 72개로 한다.
9. 야산지 할증률 25%를 적용하고 계산이 곤란한 전선의 수량은 1456m, 접지봉 8개, 완철 11개, 핀애자 27개로 한다.

문제 1. 다음의 재료의 수량을 구하여라.

번호	품명	규격	단위	총 수량
1	전선	ACSR 58°	M	
2	케이블	22kV CV60° ×1C	M	
3	근가	1.2m	개	
4	완금	7×90×90×2400	개	
5	특고압핀애자	56-2호	개	
6	접지봉	18×2400	개	
7	인류애자	저압 110×95	개	

풀이)

문제 2. 자재의 수량을 구한 것을 기준으로 총 금액을 구하여라.

번호	품명	규격	단위	단가	총금액
1	전선	ACSR 58°	M	1,330	
2	케이블	22kV CV60° ×1C	M	16,590	
3	근가	1.2m	개	6,000	
4	완금	7×90×90×2400	개	6,000	
5	특고압핀애자	56-2호	개	19,500	
6	접지봉	18×2400	개	10,300	
7	인류애자	저압 110×95	개	2,500	

풀이)

문제 3. 총 인건비를 구하여라.

번호	품명	규격	단위	직종	인공계
1	전선	ACSR 58°	M	배전전공	33.48
2	전선	ACSR 58°	M	보통인부	16.74
3	특고압케이블	22kV CV60° 1C	M	특별고압케이블공	2.295
4	특고압케이블	22kV CV60° 1C	M	보통인부	2.295
5	피뢰기	18kV	개	특별고압케이블공	6.3
6	콘크리트주	12m×19cm	본	배전전공	0.9
7	콘크리트주	12m×19cm	본	보통인부	41.25
8	콘크리트주	13m×19cm	본	배전전공	8.1
9	콘크리트주	13m×19cm	본	보통인부	9.55
10	콘크리트주	15m×19cm	본	배전전공	19.125
11	콘크리트주	15m×19cm	본	보통인부	19.5
12	완철	3m 이하	개	배전전공	4.25
13	완철	3m 이하	개	보통인부	4.25
14	특고압용 핀애자	2호	개	배전전공	5.04
15	특고압용 핀애자	2호	개	보통인부	9.92
16	접지봉		개	배전전공	4.8
17	접지봉		개	보통인부	2.4

번호	직종	금액
1	배전전공	
2	보통인부	
3	특고압케이블공	

풀이)

문제 1 답.

번호	품명	규격	단위	총 수량
1	전선	ACSR 58°	M	3543
2	케이블	22kV CV60° ×1C	M	185
3	근가	1.2m	개	21
4	완금	7×90×90×2400	개	30
5	특고압핀애자	56-2호	개	72
6	접지봉	18×2400	개	22
7	인류애자	저압 110×95	개	13

풀이)

1. 전선의 총 수량은 도면에 기입된 수치를 활용한다.

55+45+45+55+40+65+40+50+40+40+40+50+50+50+50+50+43+52 = 860

3상 4선식이므로 860×4 = 3440

3%의 할증을 하라고 하였으므로 3440×1.03 = 3543M

2. 케이블은 도면에 60M 3선만 사용되므로 60×3 = 180M

3% 할증을 하라고 하였으므로 180×1.03 = 185M

문제 2. 답

번호	품명	규격	단위	단가	총금액
1	전선	ACSR 58°	M	1,330	4,712,456
2	케이블	22kV CV60° ×1C	M	16,590	3,075,786
3	근가	1.2m	개	6,000	126,000
4	완금	7×90×90×2400	개	6,000	180,000
5	특고압핀애자	56-2호	개	19,500	1,404,000
6	접지봉	18×2400	개	10,300	226,600
7	인류애자	저압 110×95	개	2,500	32,500

풀이)

문제 1에서 구한 수량을 가지고 각 단가에 곱하면 된다.

문제 3. 답

번호	품명	규격	단위	직종	인공계
1	전선	ACSR 58°	M	배전전공	33.48
2	전선	ACSR 58°	M	보통인부	16.74
3	특고압케이블	22kV CV60° 1C	M	특별고압케이블공	2.295
4	특고압케이블	22kV CV60° 1C	M	보통인부	2.295
5	피뢰기	18kV	개	특별고압케이블공	6.3
6	콘크리트주	12m×19cm	본	배전전공	0.9
7	콘크리트주	12m×19cm	본	보통인부	41.25
8	콘크리트주	13m×19cm	본	배전전공	8.1
9	콘크리트주	13m×19cm	본	보통인부	9.55
10	콘크리트주	15m×19cm	본	배전전공	19.125
11	콘크리트주	15m×19cm	본	보통인부	19.5
12	완철	3m 이하	개	배전전공	4.25
13	완철	3m 이하	개	보통인부	4.25
14	특고압용 핀애자	2호	개	배전전공	5.04
15	특고압용 핀애자	2호	개	보통인부	9.92
16	접지봉		개	배전전공	4.8
17	접지봉		개	보통인부	2.4

실 전 문 제

1. **다음은 사무실 평면도이다. 최단 거리를 시공하려고 한다. 다음의 조건사항을 참조하여 최단거리의 전선길이와 전선관 길이를 구하여라.**

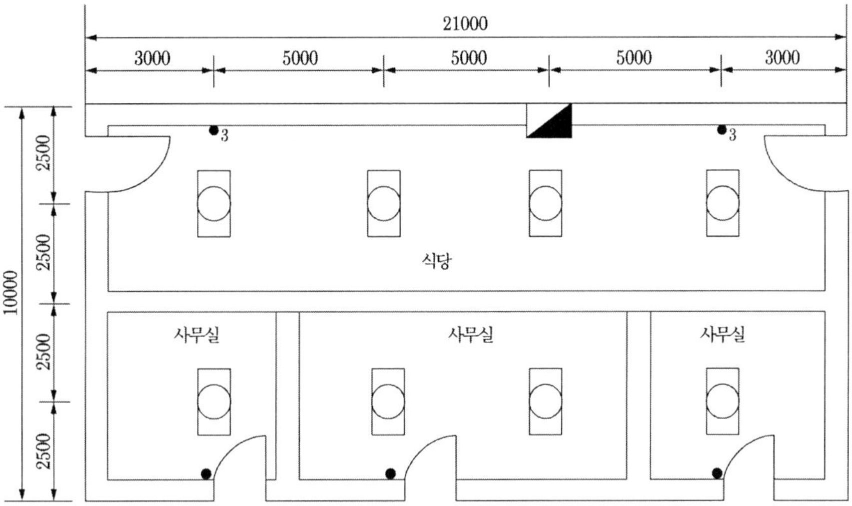

전등 배치 평면도(단위 : mm)

조건사항

1. 모든 전등은 1회로 구성한다.
2. 스위치의 설치 높이는 바닥에서 1.2m이고 분전반 상단에서 천장까지의 길이는 1.2m이다.
3. 건물의 총 높이는 3m로 한다.
4. 전선과 전선관 배관의 할증은 10%로 한다.

문제 1.

전선의 길이 :

전선관의 길이 :

풀이)

2. 다음 도면은 H변대의 설치도이다. 도면을 참조하여 자재비 및 수량을 산출하여라.

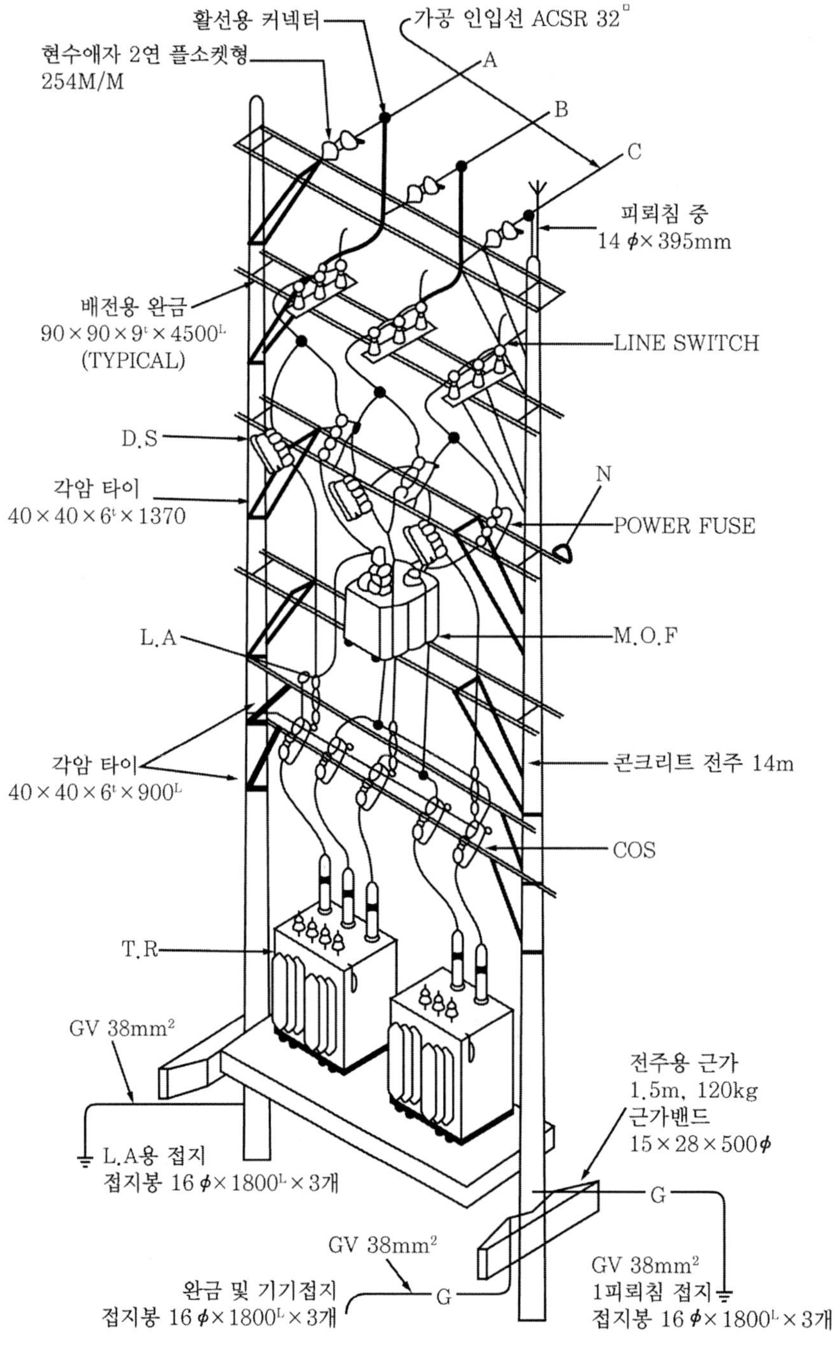

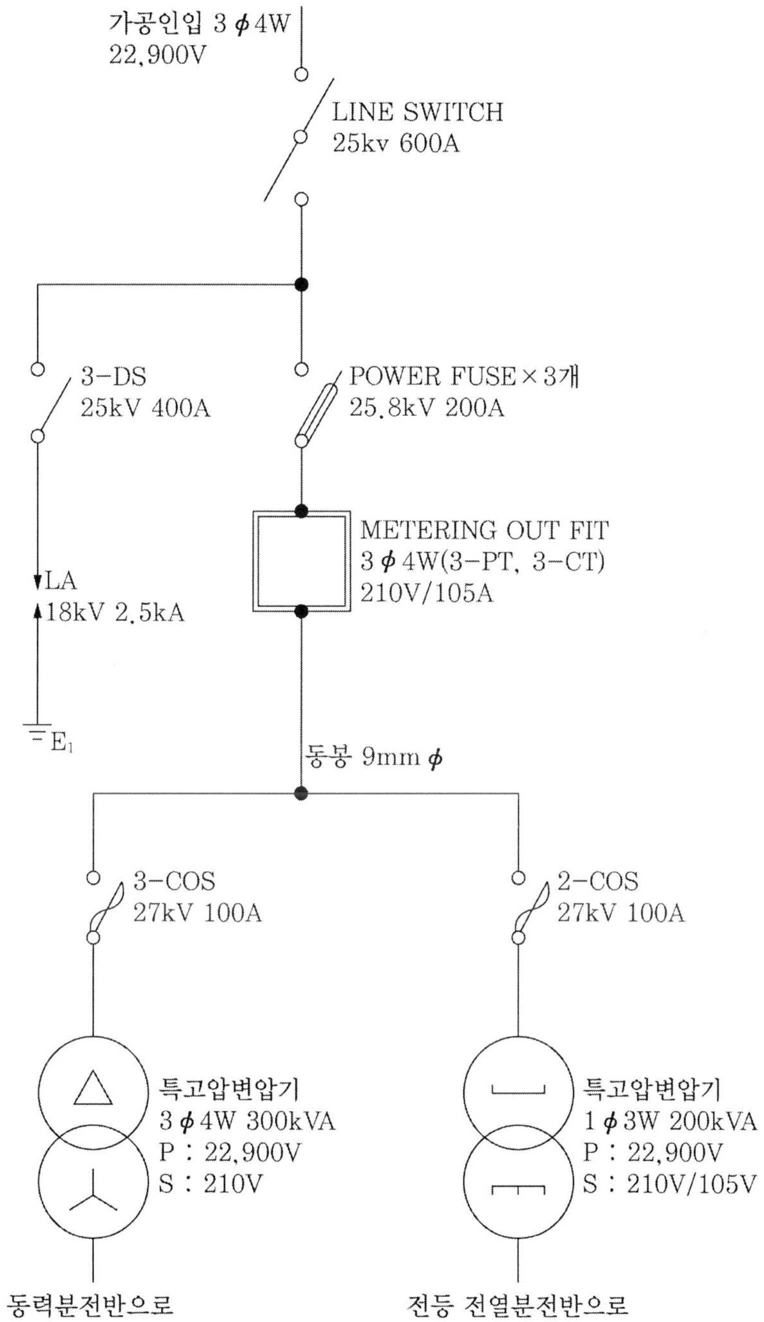

가공인입 3φ4W
22,900V
LINE SWITCH
25kv 600A
3-DS
25kV 400A
POWER FUSE×3개
25.8kV 200A
METERING OUT FIT
3φ4W(3-PT, 3-CT)
210V/105A
LA
18kV 2.5kA
E1
동봉 9mm φ
3-COS
27kV 100A
2-COS
27kV 100A
특고압변압기
3φ4W 300kVA
P : 22,900V
S : 210V
특고압변압기
1φ3W 200kVA
P : 22,900V
S : 210V/105V
동력분전반으로
전등 전열분전반으로

문제 1. 재료비를 산출하여라.

번호	품명	규격	단위	수량	단가	금액
1	라인 스위치	25KV	개		615,000	
2	파워 퓨즈	25.8KV	개		588,500	
3	DS	25KV	개		393,600	
4	LA	18KV	개		150,000	
5	MOF	22.9KV 20/5A	대		1,050,000	
6	COS	27KV, 100A	개	5	55,000	
7	특고압 변압기	22.9KV/210V	대		16,400,000	
8	배전용 완금		개		70,000	
9	각암타이		개	16	6,000	
10	각암타이		개	4	3,000	
11	암타이 밴드		개	4	3,000	
12	암타이 밴드		개	8	3,000	
13	현수 애자	1연	조		9,870	
14	콘크리트주	14m	본		380,000	
15	근가		개		5,000	
16	U볼트		개		3,700	
17	T형 커넥터		개		2,800	
18	활선용 커넥터	60㎟	개		8,900	
19	머신볼트		개	54	300	
20	전나사 볼트		개	28	250	
21	피뢰침	중형	개		25,000	
22	접지봉	동피복	개		18,900	
23	접지선	GV 38㎟	M	55	2,000	
24	현수 애자	2연 특별고압용	개		80,900	

풀이)

3. 다음은 어느 변전소의 도면이다. 엑셀을 사용하여 인건비를 구하여라. (단, 공량은 부록을 참조하고 노임은 2018 표준노임단가를 참조하여라.)

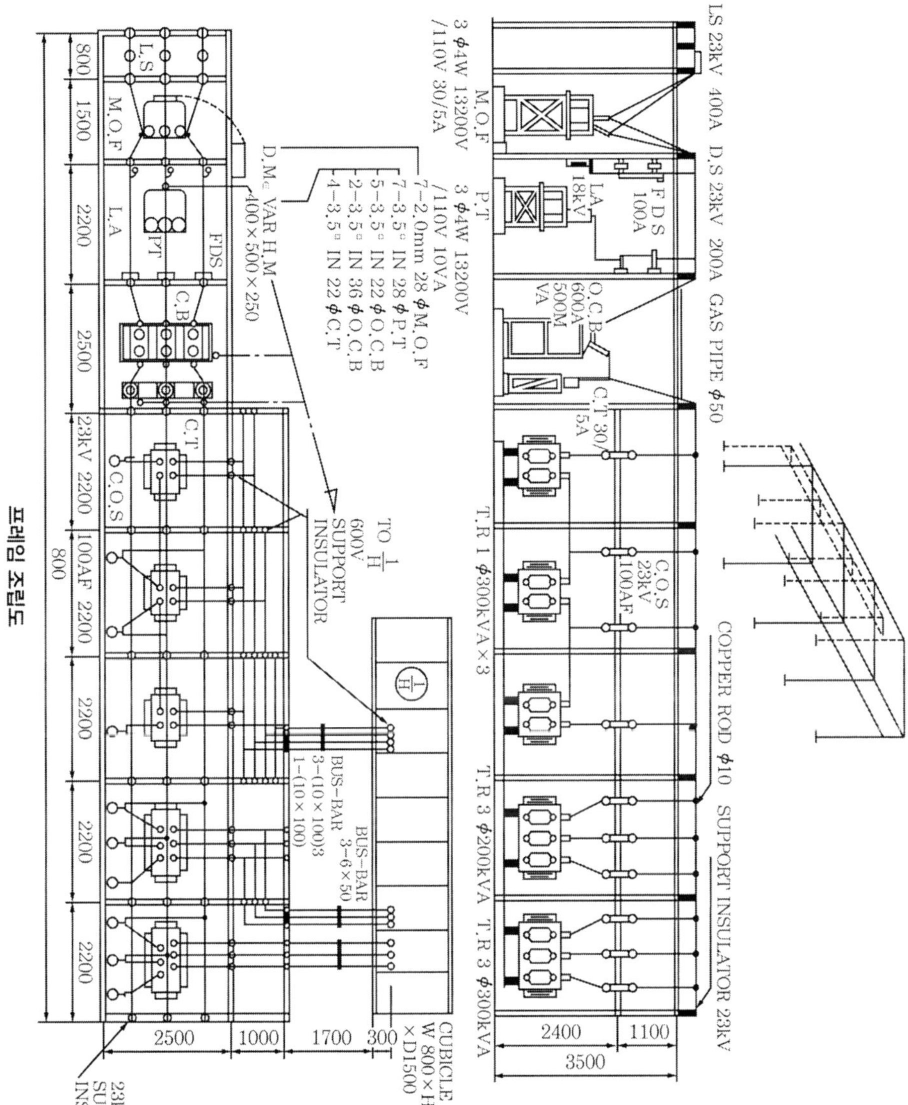

유의사항

1. 설치장소는 옥외이다.
2. 인공계는 소수점 첫째자리에서 반올림 하여라.
3. 금액에서 원 미만의 금액은 버릴 것.
4. 기자재의 시험비는 자재비에 포함시키지 않는다.

※ 최종 인건비

번호	직종명	수량	단가	금액
1	비계공			
2	보통인부			
3	특별인부			
4	플랜트전공			
5	배전전공			
6	내선전공		199,157	
7	목도공			
8	공구손료			
9	소계			
10	간접노무비	직접노무비의 10%		
11	합계			

문제 1. 다음을 참조하여 최종인건비를 구하여라. (수량이 빠진 항목은 기입하여라.)

번호	품명	규격	단위	수량
1	LS	23KV	조	
2	MOF	13200V/110	대	
3	DS	23KV	조	
4	LA	18KV	조	
5	FDS	23KV	조	1
6	OCB	23KV	대	1
7	PT	13.2KV3110	대	1
8	CT	23KV	조	1
9	COS	23KV	EA	
10	TR	22.9KV 300KVA	대	3
11	TR	22.9KV/220V 300KVA	대	
12	TR	22.9KV/220V 200KVA	대	
13	TL GAS PIPE	Φ50	M	207
14	BUS BAR	10t × 100	kg	703
15	BUS BAR	6t × 50	kg	125
16	애자	23KV	EA	
17	애자	600V	EA	
18	동봉	Φ10	M	95
19	전선관	Φ36	M	12.5
20	전선관	Φ28	M	20.9
21	전선관	Φ22	M	9.5
22	전선	IV 2.0mm	M	38.5
23	전선	IV 3.5°	M	193.4
24	전선	IV 22°	M	19.4
25	DM BOX		EA	1
26	플랜지	단면	EA	26
27	플랜지	평면 3 방출	EA	12
28	플랜지	평면 4 방출	EA	4
29	플랜지	각 3방출	EA	5
30	플랜지	각 4방출	EA	16
31	플랜지	각 5방출	EA	4
32	클램프	Φ60	EA	18

공임 산출 기록표

품명	규격	단위	수량	직종
LS	23KV	조		플랜트전공
MOF	13.2KV/110V	대		내선전공
MOF	DM VAR	대	2	내선전공
DS	23KV	EA		플랜트전공
LA	18KV	EA		배전전공
FDS	23KV	대		배전전공
OCB	23KV	대		플랜트전공
				비계공
				특별인부
				목도공
PT	13.2KV/110V	대		플랜트전공
				비계공
				특별인부
				목도공
CT	23KV	대		플랜트전공
				비계공
				특별인부
				목도공
COS	23KV	개		배전전공
TR	22.9KV 300KVA	대		플랜트전공
				비계공
				특별인부
				목도공
	22.9KV/220V 300KV	대		플랜트전공
				비계공
				특별인부
				목도공
	22.9KV/220V 200KV	대		플랜트전공

				특별인부
				목도공
BUS BAR	배선 10t×100	M	76.2	플랜트전공
			76.2	보통인부
	만곡 10t×100	개소	10	플랜트전공
			10	보통인부
	분기 10t×100	개소	38	플랜트전공
			38	보통인부
	배선 6t×50	M	45.6	플랜트전공
			45.6	보통인부
	만곡 6t×50	개소	6	플랜트전공
			6	보통인부
	분기 6t×50	개소	24	플랜트전공
			24	보통인부
지지애자	23KV	개		플랜트전공
				보통인부
지지애자	600KV	개		플랜트전공
동봉	Φ10	M		플랜트전공
				보통인부
	분기	개소	16	플랜트전공
	단자 처리	개소	63	플랜트전공
금속 전선관	Φ36	M	12.5	내선전공
	Φ28	M	20.9	내선전공
	Φ22	M	9.5	내선전공
전선	IV 2.0mm	M	38.5	내선전공
	IV 3.5°	M	193.4	내선전공
	IV 22°	M	19.4	내선전공
DM BOX		EA	1	내선전공

4. 다음은 22.9kV 선방선로 평면도이다. 도면에 의한 재료의 단가를 계산하고, 인건비를 계산하여 아래의 견적서를 완성하여라.

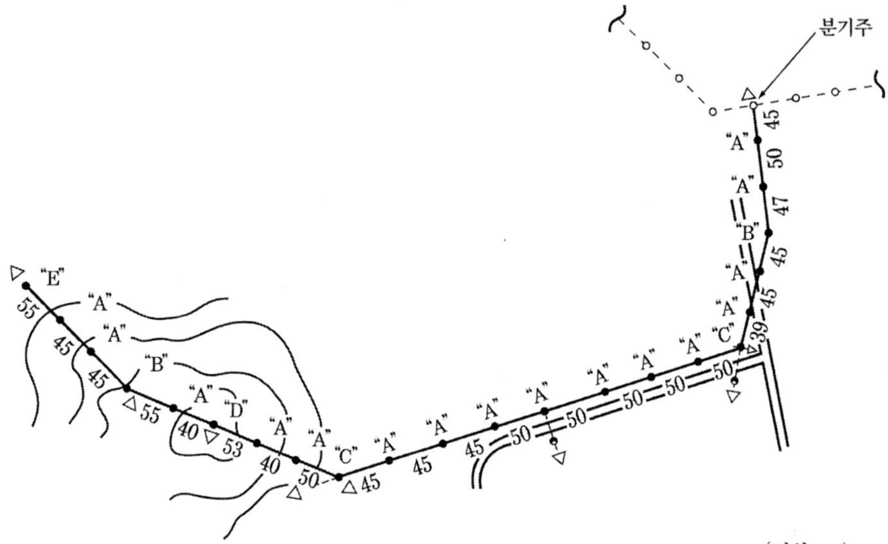

(단위 : m)

유의사항

1. 도면에 기입된 치수를 유의하여 적산하여라.

2. 재료 산출시 옥외전선은 10% 할증하고 소수점 이하는 버린다. 단, 할증분에 대해서는 품셈을 적용하지 않는다.

3. 슬리브 직선 ACSR 58° 산출 시에는 전선의 할증을 계산한 수량으로 하고 전선 1 DRUM은 500M이다.

4. 인공계산 시 소수점 이하는 버린다.

5. 전주근가는 2개씩 계산하되 지주근가는 1개씩 계산한다.

6. 전선의 야산 할증률은 25%로하고 계산이 곤란한 야산지 할증은 1500M로 한다.

7. 전주근가 하나당 5000원, 지선근가 3000원, 특고압 핀애자 42000원, 전주번호찰 500원으로 한다.

8. 표준단가는 인터넷을 참조하되, 가격이 나오지 않는 품목에 대해서는 비슷한 용량의 단가로 계산한다.

9. 간접 노무비는 직접 노무비의 15%로 계산한다.

10. 간접 재료비는 직접 재료비의 5%로 계산한다.

11. 경비는 전력비, 운반비, 보험료의 합계로 계상하고, 보험료를 제외한 항목은 직접재료비의 3%, 보험료는 직접 노무비의 15%로 계산한다.

12. 본 공사의 총비용은 30억 원 이상으로 한다.

[전주 상세도]

TYPE "A"	3 ϕ4W 선로의 직선주(10° 미만)

(단위 : mm)

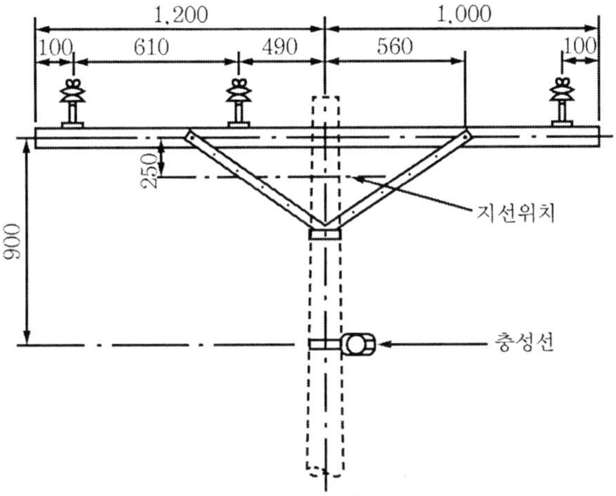

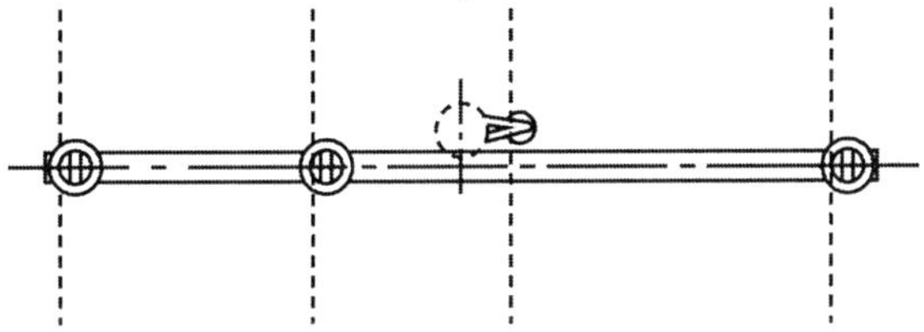

TYPE "B"	3 ϕ4W 선로의 소각도주(10°~20°)

(단위 : mm)

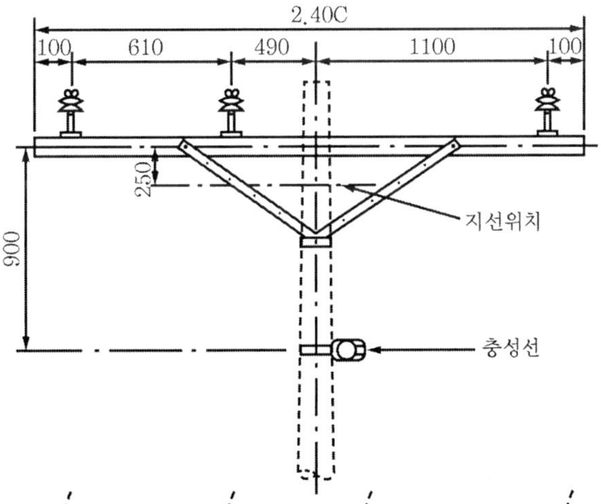

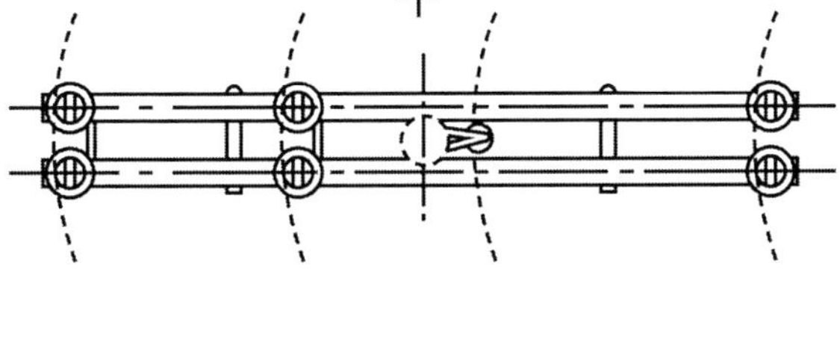

TYPE "C"	3 ϕ4W 선로의 각도주(45°~90°)의 내장주

(단위 : mm)

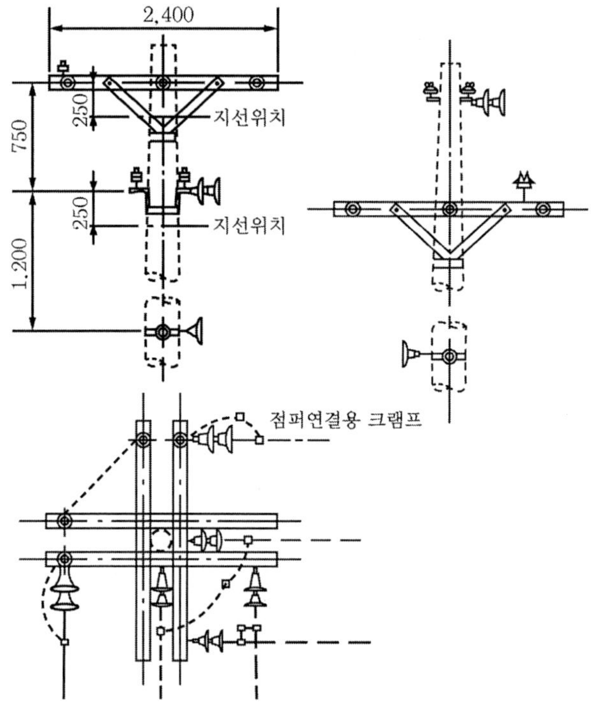

TYPE "D"	3 ϕ4W 선로의 특수경간에서 내장주

(단위 : mm)

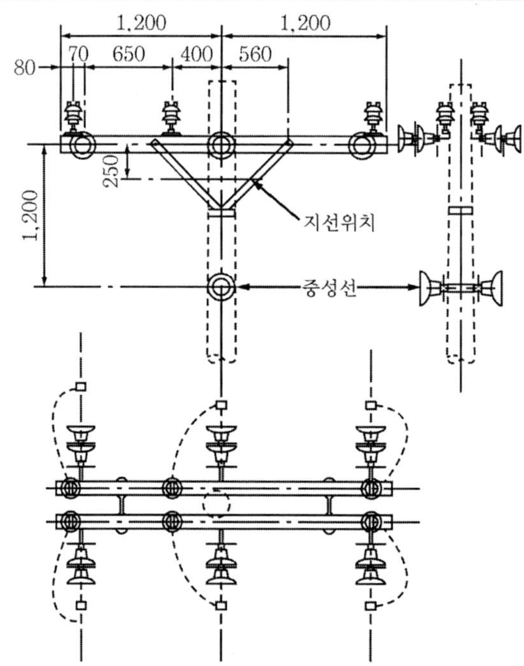

TYPE "E"	말단주

(단위 : mm)

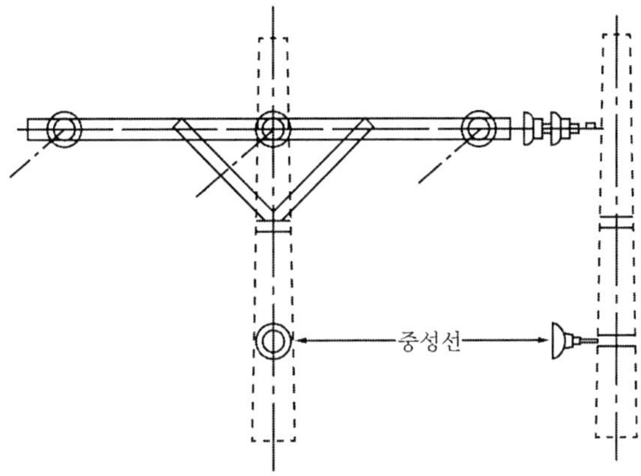

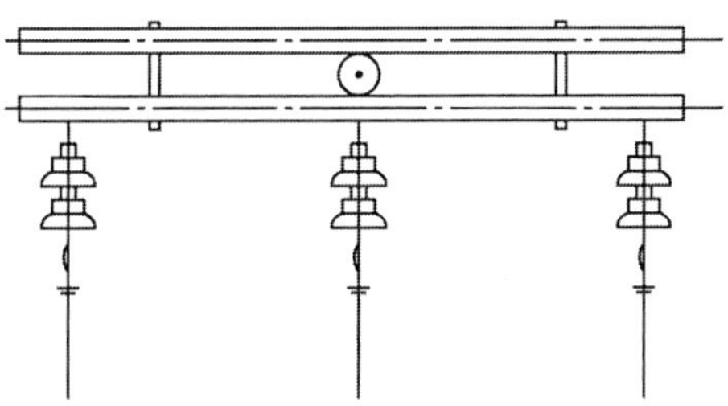

TYPE "분기주"	3 ϕ4W 선로로부터 3 ϕ4W 선로의분기주

(단위 : mm)

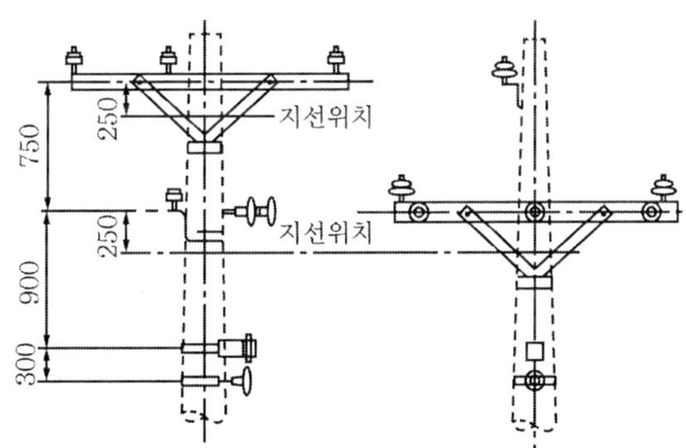

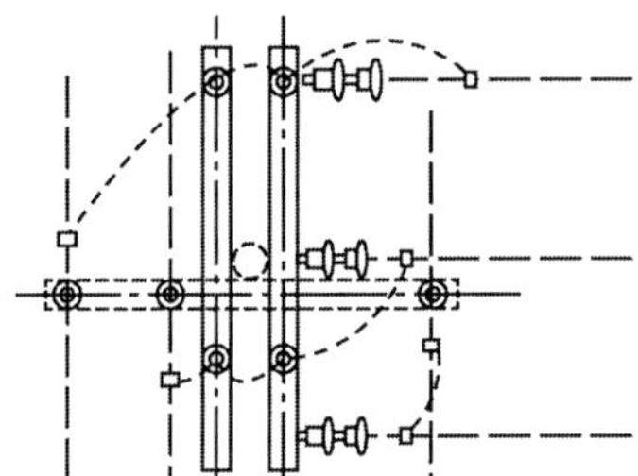

문제 1. 재료비를 구하여라.

번호	품명	규격	단위	단가	금액
1	콘크리트주	8m	본		
2	콘크리트주	12m	본		
3	전선	ASCR 58°	m		
4	근가	1.5m	개		
5	지선 근가	0.7m	개		
6	완금	90×90×9×2400	개		
7	특고압현수애자	254mm	개		
8	특고압핀애자	23kV	개		
9	각암타이	40×40×6 900mm	개		
10	암타이밴드	1방 3호	개		
11	접지봉	14×1000	개		
12	슬리브	ACSR 58°용	개		
13	근가용 U볼트	400×630	개		
14	지선로드	16×2300	개		
15	전주번호찰		개		
16	합계				

풀이)

문제 2. 공량과 노임비를 구하여라.

번호	품명	규격	단위	직종	인공	인공계
1	콘크리트주	8m	본	배전전공		
				보통인부		
2	콘크리트주	12m	본	배전전공		
				보통인부		
3	완금		개	배전전공		
				보통인부		
4	특고압현수애자	254mm	개	배전전공		
				보통인부		
5	특고압핀애자	23kv	개	배전전공		
				보통인부		
6	지선설치	7/2.3mm	조	배전전공		
				보통인부		
7	접지봉	1～2m×1가닥	개	배전전공		
				보통인부		
8	전선	ACSR 58°	m	배전전공		
				보통인부		
9	전주번호찰		개	배전전공		
				보통인부		

노임비

번호	직종	단위	단가	인공계	노임비
1	배전전공	인			
2	보통인부	인			
3	인건비계				

견적서

견 적 서

<table>
<tr><td rowspan="4">2018년 2월 5일

아래와 같이
견적합니다.

합계금액 원정</td><td rowspan="4">공급자</td><td>등록번호</td><td colspan="3">123-00-45678</td></tr>
<tr><td>상호
(법인명)</td><td></td><td>성명</td><td></td></tr>
<tr><td>사 업 장</td><td colspan="3"></td></tr>
<tr><td>전화번호</td><td colspan="3"></td></tr>
</table>

번호			공급가액
1	재료비		
		직접 재료비	
		간접 재료비	
	합계		
2	인건비		
		직접 노무비	
		간접 노무비	
	합계		
3	경비		
		전력비	
		운반비	
		보험료	
	합계		
		순 공사 원가	
4		일반관리비	
5		이윤	
6		**공급가총액**	
7		부가가치세	
8		**합계금액**	

5. 다음 도면은 간이 수전변 설비의 도면이다, 도면의 항목 중 4가지를 선택하여 재료비를 구하고 품셈을 참조하여 인건비를 구하고 다음의 견적서를 완성하여라.

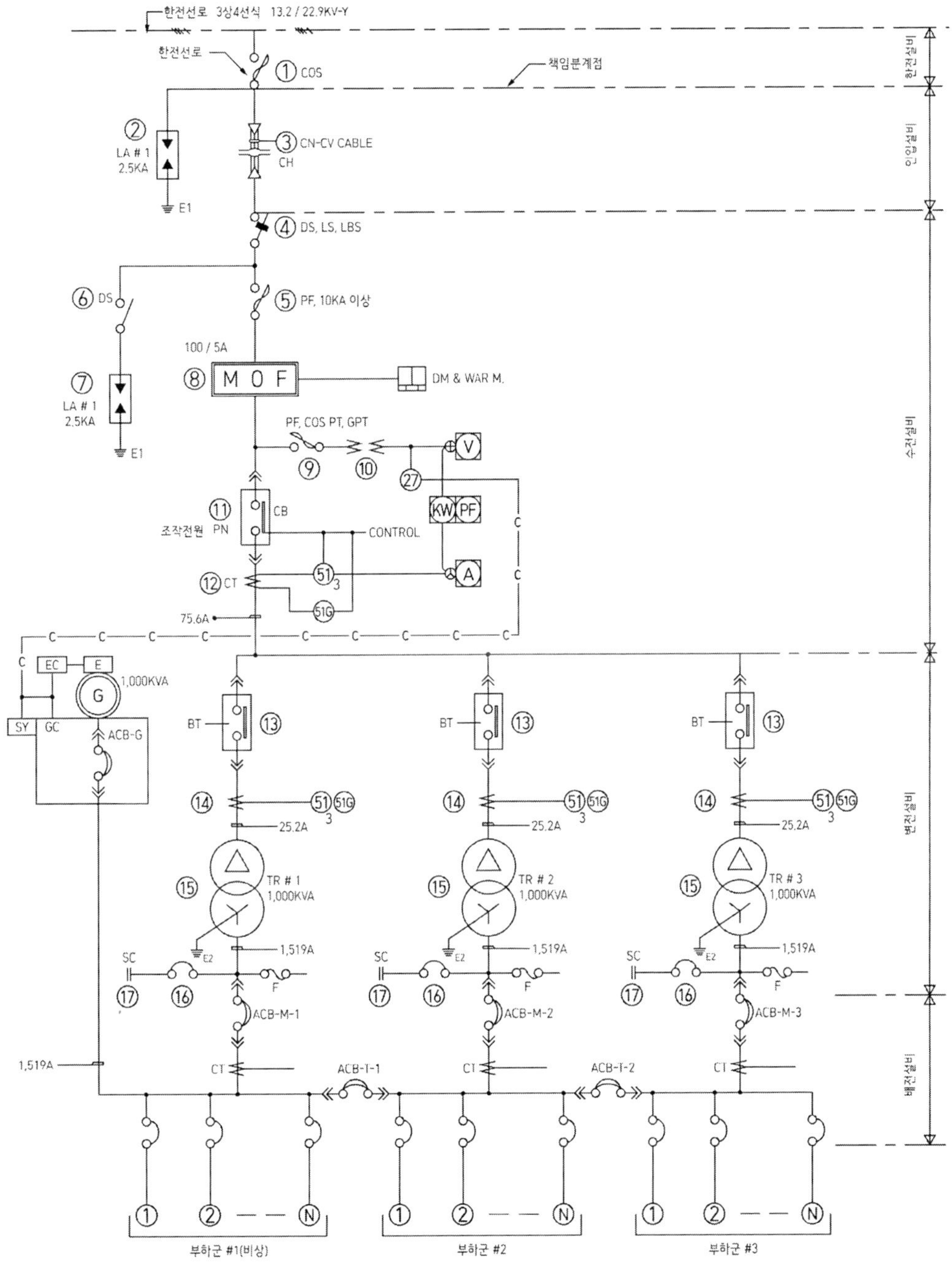

조건사항

1. 재료비는 인터넷을 참조하되 가격이 명시되어 있지 않은 항목에 대해서는 비슷한 유형의 재료비로 계산한다.
2. 2018 전기표준품셈을 참조하고, 2018년 상반기 표준노임단가를 참조한다.
3. 엑셀을 사용하여 견적서를 만들 것.
4. 재료는 책임 분계선 아래의 항목으로 할 것.
5. 간접노무비는 직접노무비의 15%로 계산한다.
6. 간접재료비는 직접재료비의 5%로 계산한다.
7. 경비는 전력비, 운반비, 보험료의 합계로 계상하고, 보험료를 제외한 항목은 직접재료비의 3%, 보험료는 직접 노무비의 15%로 계산한다.
8. 본 공사는 5~30억 원의 공사로 한다.

견 적 서

2018년 2월 5일 아래와 같이 견적합니다. 합계금액 원정	공급자	등록번호	123-00-45678		
		상호 (법인명)		성명	
		사 업 장			
		전화번호			

번호			공급가액
1	재료비		
		직접 재료비	
		간접 재료비	
	합계		
2	인건비		
		직접 노무비	
		간접 노무비	
	합계		
3	경비		
		전력비	
		운반비	
		보험료	
	합계		
		순 공사 원가	
4		일반관리비	
5		이윤	
6		**공급가총액**	
7		부가가치세	
8		**합계금액**	

> 부록

1. 개별직종 노임 단가

(단위 : 원)

번호 (공표일)	직종명	2018.1.1	2017.9.1	2017.1.1	2016.9.1
1001	작업반장	137,535	132,631	128,126	124,304
1002	보통인부	109,819	106,846	102,628	99,882
1003	특별인부	133,417	127,391	123,074	120,716
1004	조력공	120,416	116,344	112,847	110,194
*1005	제도사	144,980	138,832	132,819	128,795
1006	비계공	196,261	187,771	180,153	175,367
1007	형틀목공	189,303	179,290	174,036	168,448
1008	철근공	189,585	179,665	170,033	164,864
1009	철공	170,500	162,422	156,492	151,564
1010	철판공	153,766	148,955	143,643	140,589
1011	철골공	176,388	163,899	156,660	152,524
1012	용접공	169,201	163,001	157,183	153,849
1013	콘크리트공	176,062	167,893	161,530	157,427
1014	보링공	142,459	136,757	131,456	127,977
*1015	착암공	129,160	128,508	122,918	119,308
1016	화약취급공	169,977	164,637	157,414	152,163
1017	할석공	152,559	145,761	139,420	135,760
*1018	포설공	131,820	125,125	119,124	115,556
1019	포장공	154,530	148,118	141,226	137,978
*1020	잠수부	249,104	242,022	228,347	220,486
1021	조적공	161,334	153,959	148,121	143,356
1022	견출공	159,626	151,518	146,052	141,250
1023	건축목공	175,760	169,062	163,377	158,297
1024	창호공	163,191	157,823	151,907	147,229
1025	유리공	155,803	148,516	143,608	139,664
1026	방수공	130,819	126,051	120,907	116,958
1027	미장공	175,547	169,508	162,424	157,810
1028	타일공	174,390	164,998	159,509	153,735
1029	도장공	153,890	148,659	141,733	138,445
1030	내장공	165,367	160,195	154,536	150,050

공표일 / 번호	직종명	2018.1.1	2017.9.1	2017.1.1	2016.9.1
1031	도배공	145,618	138,737	133,325	129,887
**1032	연마공	-	135,816	129,000	126,629
1033	석공	173,847	168,680	162,796	157,965
*1034	줄눈공	126,890	126,210	121,906	117,880
1035	판넬조립공	152,318	146,994	141,394	137,435
1036	지붕잇기공	155,855	150,969	144,009	141,063
**1037	벌목부	-	153,571	144,976	139,681
1038	조경공	147,733	147,748	143,852	137,988
1039	배관공	148,689	143,420	137,910	134,427
1040	배관공(수도)	163,848	158,481	149,515	143,391
1041	보일러공	147,079	142,144	136,450	130,838
1042	위생공	141,618	136,613	131,450	126,225
1043	덕트공	137,653	130,860	126,874	122,054
1044	보온공	133,195	127,821	123,274	118,712
*1045	인력운반공	124,911	120,074	113,766	110,197
1046	궤도공	130,850	125,226	121,380	118,155
*1047	건설기계조장	138,494	131,364	126,645	122,763
1048	건설기계운전사	162,022	154,499	148,613	143,601
*1049	화물차운전사	138,151	133,521	128,673	125,031
1050	일반기계운전사	118,763	110,000	106,400	101,844
1051	기계설비공	145,131	140,008	135,407	131,319
**1052	준설선선장	-	136,571	131,924	-
**1053	준설선기관사	-	129,869	125,150	-
*1054	준설선운전사	119,424	-	112,007	-
*1055	선원	118,553	114,850	110,424	-
1056	플랜트배관공	227,813	234,786	236,621	228,165
1057	플랜트제관공	202,953	193,931	194,858	186,570
1058	플랜트용접공	211,791	218,675	221,554	214,492
*1059	플랜트특수용접공	242,882	236,835	238,468	-
1060	플랜트기계설치공	217,129	215,100	216,166	208,455

번호	직종명 \ 공표일	2018.1.1	2017.9.1	2017.1.1	2016.9.1
1061	플랜트특별인부	158,269	150,630	150,555	144,628
1062	플랜트케이블전공	251,985	251,985	239,501	232,364
*1063	플랜트계장공	182,976	179,406	167,787	167,232
*1064	플랜트덕트공	160,714	-	152,204	-
1065	플랜트보온공	214,681	207,593	209,797	218,315
*1066	제철축로공	235,955	232,456	233,372	233,932
1067	비파괴시험공	252,642	244,733	236,018	228,210
*1068	특급품질관리원	163,055	157,891	151,429	145,116
*1069	고급품질관리원	145,529	140,800	134,065	128,297
*1070	중급품질관리원	133,063	128,520	122,121	117,817
*1071	초급품질관리원	120,681	114,770	110,001	105,716
1072	지적기사	236,268	237,460	223,382	223,006
1073	지적산업기사	205,925	205,029	192,665	190,980
1074	지적기능사	174,105	174,452	169,586	163,334
1075	내선전공	199,157	191,336	185,611	179,883
1076	특고압케이블전공	288,346	277,601	268,590	258,175
1077	고압케이블전공	276,182	267,103	249,846	239,949
1078	저압케이블전공	219,560	212,186	200,964	192,705
1079	송전전공	385,403	371,019	366,921	356,456
1080	송전활선전공	408,278	405,013	397,543	377,712
1081	배전전공	303,747	310,429	304,689	300,525
1082	배전활선전공	393,347	389,223	387,463	385,385
1083	플랜트전공	202,202	192,777	184,766	185,583
1084	계장공	195,084	191,809	183,803	179,627
1085	철도신호공	211,706	216,069	207,768	208,591
1086	통신내선공	187,873	180,623	174,758	168,154
1087	통신설비공	203,165	193,302	184,999	186,932
1088	통신외선공	257,995	247,618	236,760	228,133
1089	통신케이블공	297,858	281,658	271,248	261,699
1090	무선안테나공	228,313	219,758	210,980	203,950
*1091	석면해체공	147,482	141,192	134,648	129,920

공표일 / 번호	직종명	2018.1.1	2017.9.1	2017.1.1	2016.9.1
2001	광케이블설치사	307,477	297,118	286,348	278,477
2002	H/W시험사	258,122	250,248	240,107	232,334
2003	S/W시험사	282,126	273,048	261,513	253,927
3001	도편수	323,645	316,058	303,876	293,638
*3002	드잡이공	247,924	249,149	245,410	244,077
3003	한식목공	220,935	213,912	205,220	195,547
3004	한식목공조공	170,364	162,262	161,097	156,441
3005	한식석공	261,844	253,955	247,633	240,644
3006	한식미장공	197,427	188,152	178,490	172,651
3007	한식와공	271,936	264,383	250,452	239,973
3008	한식와공조공	188,279	177,441	176,580	169,974
*3009	목조각공	192,209	179,802	171,338	167,273
**3010	석조각공	-	203,196	-	193,297
**3011	특수화공	-	238,720	-	235,175
3012	화공	212,787	205,586	195,899	198,632
*3013	드잡이공편수	273,371	-	-	-
*3014	한식미장공편수	251,074	-	-	-
3015	한식와공편수	292,847	-	-	-
*3016	한식단청공편수	241,517	-	-	-
3017	한식석공조공	192,636	-	-	-
3018	한식미장공조공	165,089	-	-	-
4001	원자력플랜트전공	213,364	215,411	207,172	205,068
4002	원자력용접공	202,130	202,847	199,842	201,816
4003	원자력기계설치공	210,144	210,518	199,758	202,174
4004	원자력품질관리사	265,941	260,445	252,432	256,484
5001	통신관련기사	231,472	224,214	215,428	208,604
5002	통신관련산업기사	211,847	203,601	196,722	190,556
5003	통신관련기능사	185,358	179,968	173,162	168,459
5004	전기공사기사	214,690	205,010	194,979	189,482
5005	전기공사산업기사	191,600	179,744	170,252	164,000
5006	변전전공	280,556	269,720	257,066	244,383
5007	코킹공	149,882	142,317	134,606	129,804

2. 전기공사의 종류

구분	공사의 종류	공사의 예시
발전·송전·배전설비공사	발전설비공사	ㅇ발전소(원자력발전소, 화력발전소, 풍력발전소, 수력발전소, 조력발전소, 태양열발전소, 내연발전소 등의 발전소를 말한다)의 전기설비공사
	송전설비공사	ㅇ가공송전설비공사 : 가공송전설비공사에 부대되는 철탑기초공사 및 철탑조립공사(지지물설치 및 철탑도장을 포함한다), 가선공사(금구류 설치를 포함한다), 횡단개소의 보조설비공사, 보호선·보호망공사 ㅇ지중송전설비공사 : 지중송전설비공사에 부대되는 전력구 설비공사, 공동구내의 전기설비공사, 전력지중관로설비공사, 전력케이블설치공사(전선방재설비공사를 포함한다) ㅇ물밑송전설비공사 : 물밑전력케이블설치공사 ㅇ터널 내 전선로공사 : 철도·궤도·자동차도·인도 등의 터널 내 전선로공사
	변전설비공사	ㅇ변전설비기초공사 : 변전기기, 철구, 가대 및 덕트 등의 설치를 위한 공사 ㅇ모선설비공사 : 모선가선(금구류 및 애자장치를 포함한다), 지지 및 분기개소의 설비공사 ㅇ변전기기설치공사 : 변압기, 개폐장치(차단기, 단로기 등을 말한다), 피뢰기 등 변전기기설치공사 ㅇ보호제어설비 설치공사 : 보호·제어반 및 제어케이블의 설치공사
	배전설비공사	ㅇ가공배전설비공사 : 전주 등 지지물공사, 변압기 등 전기기기설치공사, 가선공사(수목전지공사를 포함한다) ㅇ지중배전설비공사 : 지중배전설비공사에 부대되는 전력구 설비공사, 공동구내의 전기설비공사, 전력지중관로설비공사, 변압기 등 전기기기설치공사, 전력케이블설치공사(전선방재설비공사를 포함한다) ㅇ물밑배전설비공사 : 물밑전력케이블설치공사 ㅇ터널 내 전선로공사 : 철도·궤도·자동차도·인도 등의 터널 내 전선로공사

산업 시설물 · 건축물 및 구조물의 전기설비 공사	산업시설물의 전기설비공사	ㅇ산업시설물 및 환경산업시설물(소각로, 집진기, 열병합발전소, 지역난방공사, 하수종말처리장, 폐기물처리시설 기타 산업설비를 말한다) 등의 전기설비공사 ㅇ공장자동화 등의 운전, 감시, 신호전달을 위한 전기설비의 자동제어설비(SCADA, TM/TC 등의 전력설비를 포함한다)의 공사
	건축물의 전기설비공사	ㅇ전원설비공사 : 수 · 변전설비공사(큐비클 설치공사를 포함한다), 예비전원설비공사(비상용발전기, 축전지설비, 충전장치, 무정전전원장치의 설비공사를 말한다) 및 보호설비공사 ㅇ전원공급설비공사 : 배전반, 분전반, 전력간선, 분기선 및 배관(덕트 및 트레이를 포함한다) 등의 설비공사 ㅇ전력부하설비공사 : 조명설비(조명제어설비를 포함한다), 콘센트 등 기계 · 기구 및 동력설비의 공사 ㅇ반송설비공사 : 엘리베이터, 에스컬레이터, 전동덤웨이터, 권상용모터, 레일, 카, 컨베이어, 슈터, 곤도라, 삭도 등 사람이나 물건을 운반하는 반송용 전기설비공사 ㅇ방재 및 방범설비공사 : 서지 · 낙뢰설비, 잡음 · 전자파(EMI, EMC, EMS 등을 말한다)의 방지설비공사, 항공장애등설비공사, 접지설비공사, 소방시설설치유지및안전관리에관한법률시행령 제4장의 소방시설 등의 설치 · 유지에 관한 전기공사 및 도난방지를 위한 전기설비의 전기공사 ㅇ인공지능빌딩시스템설비공사 : 인공지능빌딩시스템(IBS)설비 중 전기설비를 제어하기 위한 자동제어설비공사 ㅇ약전설비공사 : 전기시계설비, 시보설비, 주차관제전기설비 ㅇ기타 건축물에서 요구되는 전기설비공사
	구조물의 전기설비공사	ㅇ전식방지공사 : 탱크 및 배관 등의 부식을 방지하기 위한 전기공사 ㅇ동결방지공사 : 제설 · 제빙용, 바닥 난방용, 동파방지용, 일정온도유지용 등의 전기발열체의 설비공사 ㅇ신호 및 표지설비공사 : 네온사인, 큐빅보드, 광고표시등(전광판을 포함한다), 신호등의 설치공사 및 제어설비의 공사 ㅇ광장, 운동장 등에 설치하는 조명탑의 전기설비공사와 기타 구조물에서 요구되는 전기설비공사

도로 · 공항 · 항만전기 설비공사	도로전기설비공사	ㅇ가로등설치공사 : 가로등, 조경등, 보안등, 신호등, 터널 등의 설치공사 ㅇ기타 도로에서 필요한 전기설비공사
	공항전기설비공사	ㅇ항공법 제2조제6호의 규정에서 정하는 공항시설에 대한 전기설비공사 ㅇ기타 공항에서 필요한 전기설비공사
	항만전기설비공사	ㅇ조명타워공사 및 등대 등의 전기설비공사 ㅇ기타 항만에서 필요한 전기설비공사
전기철도 및 철도신호 공사	전기철도설비공사	ㅇ전기철도 및 지하철도의 전기시설공사, 수전선로설치공사, 변전소설치공사, 송배전선로의 설치공사, 전차선설비공사, 역사전기설비공사
	철도신호설비공사	ㅇ지하철도 및 지상철도의 전기신호설비, 역무자동화(AFC)설비, 전기신호기 설치, 자동열차 정지장치, 열차집중 제어장치, 열차행선 안내표시기 및 각종제어기 설치공사
기타전기 설비공사	전기설비의 설치를 위한 공사	ㅇ전기기계 · 기구(발전기, 변압기, 큐비클, 배전반, 조명탑 등을 말한다)의 설치공사 ㅇ건축 또는 토목공사용 가설 전기공사 ㅇ기타 전기를 동력으로 하는 전기공사 [출처] 전기공사의 종류|작성자 룰루랄라

3. 표준 전기 품셈

3-1 변전설비 설치공사

3-1-1 22kV 변압기 설치

(단위 : 대)

용량	공종	변전 전공	비계공	특별인부	기계설비공	인력운반공
100kVA 이하	운반설치	0.7	0.4	1.0	-	0.6
	OT처리	0.7	-	1.0	-	-
	점검	0.4	-	0.4	-	-
	계	1.8	0.4	2.4	-	0.6
150kVA 이하	운반설치	0.8	0.4	1.1	-	0.8
	OT처리	0.8	-	1.1	-	-
	점검	0.5	-	0.5	-	-
	계	2.1	0.4	2.7	-	0.8
200kVA 이하	운반설치	0.9	0.5	1.2	-	0.8
	OT처리	0.9	-	1.2	-	-
	점검	0.6	-	0.6	-	-
	계	2.4	0.5	3.0	-	0.8
300kVA 이하	운반설치	1.0	0.6	1.4	-	1.0
	OT처리	1.0	-	1.4	-	-
	점검	0.7	-	0.7	-	-
	계	2.7	0.6	3.5	-	1.0
500kVA 이하	운반설치	1.6	0.7	2.2	-	1.4
	OT처리	1.6	-	2.2	-	-
	점검	0.8	-	0.8	-	-
	계	4.0	0.7	5.2	-	1.4

용량	공종	변전 전공	비계공	특별인부	기계설비공	인력운반공
1,000kVA 이하	소운반 설치	1.8	0.9	2.6	-	1.5
	OT처리	1.8	-	2.6	-	-
	부속품 설치	1.9	-	1.9	-	-
	점검	0.9	-	0.9	-	-
	계	6.4	0.9	8.0	-	1.5
2,000kVA 이하	소운반 설치	2.0	1.0	3.1	-	1.8
	OT처리	2.0	-	3.1	-	-
	부속품 설치	2.7	-	2.7	-	-
	점검	1.1	-	1.1	-	-
	계	7.8	1.0	10.0	-	1.8
3,000kVA 이하	소운반 설치	1.7	2.9	2.3	-	2.3
	라디에이터 조립	2.9	3.0	3.6	1.0	4.9
	콘서베이터 조립	0.2	0.2	0.5	-	0.4
	붓싱 조립	0.9	0.8	0.8	-	0.6
	OT처리	1.8	-	4.0	-	-
	내부결선	0.8	-	0.5	-	-
	각 부분품 조립	1.9	1.4	2.2	1.2	0.9
	시험 및 조정	1.0	-	2.6	-	-
	계	11.2	8.3	16.5	2.2	9.1
5,000kVA 이하	소운반 설치	2.0	3.4	2.8	-	2.6
	라디에이터 조립	3.5	3.5	4.2	1.1	5.5
	콘서베이터 조립	0.3	0.3	0.5	-	0.6
	붓싱 조립	1.0	0.8	1.0	-	0.7
	OT처리	2.2	-	4.7	-	-
	내부결선	0.9	-	0.6	-	-
	각 부분품 조립	2.2	1.6	2.5	1.3	1.1
	시험 및 조정	1.2	-	2.9	-	
	계	13.3	9.6	19.2	2.4	10.5
10,000kVA 이하	소운반 설치	2.7	4.4	3.7	-	3.6
	라디에이터 조립	4.7	4.6	5.7	1.4	7.5
	콘서베이터 조립	0.4	0.3	0.8	-	0.7
	붓싱조립	1.4	1.1	1.3	-	1.0
	OT처리	2.9	-	6.3	-	-
	GAS 처리	1.0	-	1.9	-	1.1
	내부결선	1.3	-	0.8	-	-
	각 부분품 조립	3.0	2.0	3.4	1.8	1.5
	시험 및 조정	1.6	-	3.8	-	-
	계	19.0	12.4	27.7	3.2	15.4

【해 설】

① 단상기준으로 소운반, 점검, 결선 및 Megger Test 포함

② 옥외, 지상 인력작업 기준

③ 옥내 설치는 120%, 3상은 130%

④ 15,000kVA는 10,000kVA의 120%

⑤ 20,000kVA는 10,000kVA의 150%

⑥ 장비를 사용할 때는 운반설치, 라디에이터 조립, 콘서베이터 조립, 붓싱 조립 및 각 부분품 조립품의 35%로 하고 장비의 제경비 별도 가산

⑦ 몰드변압기 및 분로리액터도 이 품을 적용(다만, 몰드변압기는 OT처리, 라디에이터, 콘서베이터 조립품 제외)

⑧ 3.3 ~ 6.6kV 건식 또는 거치형은 해당 공종의 60% 적용(기설 변압기 OT처리품은 이 품 적용)

⑨ 구내 이설은 150%

⑩ SFRA(Sweep Frequency Response Analysis) 측정 시 시험 및 조정품에 변전전공 1.75인 별도가산(Bank 단위)

⑪ 철거 50%, 1000kVA 이상의 재사용 철거 80%(철거 해당분 품에 한함)

3-2 66kV 변압기 설치

(단위 : 대)

용량	공종	변전 전공	비계공	특별인부	기계설비공	인력운반공
1,000kVA 이하	본체정치 및 준비	1.6	2.7	2.2	-	2.2
	탱크조립	-	-	-	-	-
	상부커버 조립	-	-	-	-	-
	라디에이터 조립	2.7	2.8	3.4	0.9	4.5
	콘서베이터 조립	0.3	0.2	0.5	-	0.5
	붓싱 설치 접속	0.9	0.8	0.8	-	0.6
	OT처리	1.6	-	3.7	-	-
	내부결선	0.9	-	0.5	-	-
	각종 부분품 조립	1.8	1.2	2.1	1.1	1.0
	GAS처리	-	-	-	-	-
	시험 및 조정	1.0	-	2.3	-	-
	계	10.8	7.7	15.5	2.0	8.8
2,000kVA 이하	본체정치 및 준비	1.8	3.0	2.4	-	2.3
	탱크조립	-	-	-	-	-
	상부커버 조립	-	-	-	-	-
	라디에이터 조립	3.1	3.0	3.7	1.0	5.0
	콘서베이터 조립	0.3	0.2	0.6	-	0.5
	붓싱 설치 접속	0.9	0.8	0.8	-	0.6
	OT처리	1.9	-	4.1	-	-
	내부결선	0.9	-	0.5	-	-
	각종 부분품조립	2.0	1.4	2.3	1.2	1.1
	GAS처리	-	-	-	-	-
	시험 및 조정	1.1	-	2.8	-	-
	계	12.0	8.4	17.2	2.2	9.5
3,000kVA 이하	본체정치 및 준비	2.0	3.5	2.9	-	2.7
	탱크조립	-	-	-	-	-
	상부커버 조립	-	-	-	-	-
	라디에이터 조립	3.4	3.3	4.3	1.1	5.5
	콘서베이터 조립	0.3	0.2	0.6	-	0.5
	붓싱 설치 접속	1.1	0.9	1.0	-	0.7
	OT처리	2.1	-	4.9	-	-
	내부결선	0.9	-	0.6	-	-
	각종 부분품조립	2.2	1.5	2.5	1.3	1.2
	GAS처리	-	-	-	-	-
	시험 및 조정	1.2	-	2.8	-	-
	계	13.2	9.4	19.6	2.4	10.6

용량	공종	변전 전공	비계공	특별인부	기계설비공	인력운반공
5,000kVA 이하	본체정치 및 준비	2.5	4.1	3.4	-	3.4
	탱크조립	-	-	-	-	-
	상부커버 조립	-	-	-	-	-
	라디에이터 조립	4.3	4.2	5.4	1.3	7.1
	콘서베이터 조립	0.4	0.3	0.9	-	0.7
	붓싱 설치 접속	1.3	1.2	1.3	-	0.9
	OT처리	2.7	-	5.9	-	-
	내부결선	1.3	-	0.9	-	-
	각종부분품조립	2.8	1.9	3.2	1.7	1.5
	GAS처리	-	-	-	-	-
	시험 및 조정	1.3	-	3.5	-	-
	계	16.6	11.7	24.5	3.0	13.6
10,000kVA 이하	본체정치 및 준비	3.4	5.6	4.6	-	4.4
	탱크조립	-	-	-	-	-
	상부커버 조립	-	-	-	-	-
	라디에이터 조립	5.8	5.6	7.1	1.6	9.3
	콘서베이터 조립	0.4	0.3	0.9	-	0.7
	붓싱 설치 접속	1.8	1.5	1.6	-	1.2
	OT처리	3.7	-	8.0	-	-
	내부결선	1.8	-	1.2	-	-
	각종부분품조립	3.8	2.6	4.3	2.3	2.0
	GAS처리	-	-	-	-	-
	시험 및 조정	2.2	-	5.1	-	-
	계	22.9	15.6	32.8	3.9	17.6
20,000kVA 이하	본체정치 및 준비	4.0	6.5	5.4	-	5.3
	탱크조립	-	-	-	-	-
	상부커버 조립	2.0	2.4	3.8	2.8	5.9
	라디에이터 조립	6.8	6.7	8.4	1.9	11.0
	콘서베이터 조립	0.5	0.5	1.2	-	0. 9
	붓싱 설치 접속	2.0	1.7	1.9	-	1.4
	OT처리	4.3	-	9.6	-	-
	내부결선	1.8	-	1.2	-	-
	각종부분품조립	4.4	2.9	5.0	2.6	2.4
	GAS처리	1.6	-	3.3	-	1.7
	시험 및 조정	2.3	-	5.6	-	-
	계	29.7	20.7	45.4	7.3	28.6

【해 설】

① 단상 옥외설치 기준으로 소운반, 점검, 결선 및 Megger Test 포함

② 옥내설치는 120%, 3상은 130%

③ 3권선 변압기는 105%, OLTC(Onload Tap Changer)도 105%

④ 장비를 사용할 때는 본체정치 및 준비, 상부커버 조립, 라디에이터 조립, 콘서베이터 조립, 붓싱 설치접속

및 각 부분품 조립품의 35%로 하고 장비의 제경비를 별도 계상

⑤ 구내 이설 시는 150%

⑥ SFRA(Sweep Frequency Response Analysis) 측정 시 시험 및 조정품에 변전전공 1.75인 별도가산(Bank 단위)

⑦ 철거 50%, 재사용 철거 80% (철거 해당분 품에 한함)

3-3 154kV 변압기 설치

(단위 : 대)

공종	30MVA 이하					50MVA 이하				
	변전전공	비계공	특별인부	기계설비공	인력운반공	변전전공	비계공	특별인부	기계설비공	인력운반공
본체정치 및 준비	9	17	15	-	14	13	24	20	-	19
상부커버 조립	5	7	9	8	17	7	9	14	11	23
라디에이터 조립	17	18	22	6	31	23	25	32	7	42
콘서베이터 조립	1	1	3	-	2	2	1	5	-	3
붓싱 설치 접속	5	5	5	-	3	7	6	7	-	5
OT처리	11	-	25	-	-	13	-	34	-	-
내부결선	4	-	3	-	-	6	-	5	-	-
각종 부분품 조립	11	7	13	6	6	13	11	18	10	8
GAS 처리	3	-	8	-	4	5	-	11	-	6
시험 및 조정	6	-	15	-	-	8	-	22	-	-
계	72	55	118	20	77	97	76	168	28	106

공종	80MVA 이하				
	변전전공	비계공	특별인부	기계설비공	인력운반공
본체정치 및 준비	17	32	26	-	26
상부커버 조립	8	11	18	14	30
라디에이터 조립	29	32	40	10	56
콘서베이터 조립	3	2	5	-	4
붓싱 설치 접속	8	8	9	-	7
OT처리	17	-	46	-	-
내부결선	7	-	5	-	-
각종 부분품 조립	18	13	24	12	11
GAS 처리	6	-	14	-	8
시험 및 조정	10	-	27	-	-
계	123	98	214	36	142

【해 설】

① 3상 2권선, OA형, OLTC 기준

② 인력작업 기준

③ 3권선 변압기는 105%

④ Fan Type는 라디에이터 조립품의 115%

⑤ 장비를 사용할 때는 본체정치 및 준비, 탱크조립, 상부커버 조립, 라디에이터 조립, 콘서베이터 조립, 붓싱 설치접속 및 각종 부분품 조립품의 35%로 하고 장비의 제경비를 별도 계상

⑥ 소운반 및 포장해체 포함

⑦ 구내 이설 시는 150%

⑧ SFRA(Sweep Frequency Response Analysis) 측정 시 시험 및 조정품에 변전전공 1.75인 별도가산(Bank 단위)

⑨ 철거 50%, 재사용 철거 80%(철거 해당분 품에 한함)

3-4 단상 154kV 15MVA 변압기 설치

(단위 : 대)

공종	변전전공	비계공	특별인부	기계설비공	인력운반공
본체정치 및 준비	8	13	11	-	9
상부커버 조립	3	5	8	6	12
라디에이터 조립	13	13	15	4	22
콘서베이터 조립	2	2	3	-	2
붓싱 설치 접속	3	3	3	-	3
OT처리	6	-	17	-	-
내부결선	3	-	3	-	-
각종 부분품 조립	6	6	9	4	5
GAS 처리	3	-	6	-	3
시험 및 조정	5	-	11	-	-
계	52	42	86	14	56

【해 설】

① 단상 2권선, OA형, OLTC 기준

② 인력작업 기준

③ 3권선 변압기는 105%

④ Fan Type는 라디에이터 조립품의 115%

⑤ 장비를 사용할 때는 본체 정치 및 준비, 탱크조립, 상부커버 조립, 라디에이터 조립, 콘서베이터 조립, 붓싱 설치접속 및 각종 부분품 조립품의 35%로 하고 장비의 제경비를 별도 계상

⑥ 소운반 및 포장해체 포함

⑦ 구내 이설 시는 150%

⑧ SFRA(Sweep Frequency Response Analysis) 측정 시 시험 및 조정품에 변전전공 1.75인 별도가산(Bank 단위)

⑨ 철거 50%, 재사용 철거 80%(철거 해당분 품에 한함)

3-4-1 단상 154kV 15MVA 가스절연변압기 설치

(단위 : BANK)

공종	변전전공	비계공	특별인부	기계설비공	인력운반공
본체정치 및 준비	24.0	39.0	33.0	-	27.0
열교환기 조립	26.13	26.13	30.15	8.04	44.22
OLTC 붙임	4.0	4.0	6.0	-	4.0
붓싱 설치 접속	9.0	9.0	9.0	-	9.0
SF6 GAS 처리	10.76	-	10.6	-	-
GI B 설치	2.59	-	1.13	0.63	-
내부결선	9.0	-	9.0	-	-
각종 부분품 조립	18.0	18.0	27.0	12.0	15.0
시험 및 조정	15.0	-	33.0	-	-
계	118.48	96.13	158.88	20.67	99.22

【해 설】

① 단상 2권선, OLTC 기준(OLTC 내장형 변압기는 OLTC 붙임품 제외)

② 인력작업 기준

③ 3권선 변압기는 105%

④ 옥내지하에 설치시는 130%

⑤ 장비를 사용할 때는 장비사용 적용품의 35%로 하고 장비의 제 경비는 별도 계상

⑥ 소운반 및 포장해체 포함

⑦ 구내 이설 시는 150%

⑧ SFRA(Sweep Frequency Response Analysis) 측정 시 시험 및 조정품에 변전전공 1.75인 별도가산(Bank 단위)

⑨ 철거 50%, 재사용 철거 80% (철거 해당분 품에 한함)

3-5 단상 345kV 100MVA 변압기 설치

(단위 : 대)

공종	변전전공	비계공	특별인부	기계설비공	인력운반공
본체정치 및 준비	19	38	32	-	34
상부커버 조립	12	14	24	18	38
라디에이터 조립	36	39	52	12	70
콘서베이터 조립	4	3	7	-	6
붓싱 설치 접속	13	10	11	-	8
OT처리	20	-	58	-	-
내부결선	11	-	7	-	-
각종 부분품 조립	22	18	31	16	15
GAS 처리	8	-	18	-	11
시험 및 조정	11	-	35	-	-
계	156	122	275	46	182

【해 설】

① 단상 2권선, OA형(FOA 용량은 167MVA) 기준으로 소운반 및 포장해체 포함

② 3상, 345kV 200MVA는 140%, 300MVA는 170%, 400MVA는 180%, 500MVA는 190%, 600MVA는 200%

③ 인력작업 기준

④ 3권선 변압기는 105%, OLTC도 105%

⑤ Fan Type는 라디에이터 조립품의 115%

⑥ 장비를 사용할 때는 본체정치 및 준비, 상부커버 조립, 라디에이터 조립, 콘서베이터 조립, 붓싱 설치 접속 및 각종 부분품 조립품의 35%로 하고 장비의 제경비를 별도 계상

⑦ 3상은 130%

⑧ 구내 이설 시는 150%

⑨ SFRA(Sweep Frequency Response Analysis) 측정 시 시험 및 조정품에 변전전공 1.75인 별도가산(Bank 단위)

⑩ 철거 50%, 재사용 철거 80% (철거 해당분 품에 한함)

3-6 154kV, 3상 30/40MVA FOW형 변압기 설치

(단위 : 대)

공종	변전전공	비계공	특별인부	기계설비공	인력운반공
본체정치 및 준비	10	18	16	-	15
상부커버 조립	5	7	10	8	17
라디에이터 조립	8	8	11	3	12
열교환기	-	-	-	-	-
콘서베이터 조립	1	2	3	-	2
붓싱 취부 접속	5	4	4	-	3
OT처리	11	-	26	-	-
내부결선	5	-	3	-	-
각종 부분품 조립	11	8	13	7	6
GAS처리	4	-	8	-	5
시험 및 조정	6	-	16	-	-
계	66	47	110	18	60

【해 설】

① 3상 2권선 OLTC FOW형으로서 옥내설치 인력작업 기준

② 장비를 사용할 때는 본체정치 및 준비, 상부커버 조립, 열교환기 설치, 붓싱 설치접속 및 각종 부분품 조립품의 35%로 하고 장비의 제경비를 별도 계상

③ 옥내 지하에 설치시는 130%

④ 구내 이설 시는 150%

⑤ SFRA(Sweep Frequency Response Analysis) 측정 시 시험 및 조정품에 변전전공 1.75인 별도가산(Bank 단위)

⑥ 철거 50%, 재사용 철거 80% (철거 해당분 품에 한함)

3-7 애자형 변류기 설치

(단위 : 대)

구분	공종	변전전공	비계공	특별인부	인력운반공
345kV	소운반 · 포장해체 및 준비	1.6	-	1.6	2.8
	본체설치	1.8	1.2	1.8	-
	시험	0.4	-	0.3	-
	기타작업	0.8	-	0.4	-
	계	4.6	1.2	4.1	2.8
154kV	소운반 · 포장해체 및 준비	0.8	-	0.8	1.3
	본체설치	0.9	0.5	0.9	-
	시험	0.2	-	0.1	-
	기타작업	0.3	-	0.2	-
	계	2.2	0.5	2.0	1.3

【해 설】

① 단상기준 1, 2차 측 결선, Megger Test 점검 등을 포함

② 장비를 사용할 때는 소운반, 포장해체 및 준비와 본체 설치품의 35%로 하고 장비의 제경비를 별도 계상

③ 구내 이설은 150%

④ 기타 특별한 변류기는 이와 가장 유사한 종류의 품을 적용

⑤ 철거 50%, 재사용 철거 80% (철거 해당분 품에 한함)

3-8 애자형 계기용 변압기 및 C.P.D 설치

(단위 : 대)

구분	공종	변전전공	비계공	특별인부	인력운반공
345kV	소운반 · 포장해체 및 준비	2.0	-	2.5	4.0
	본체설치	1.9	1.3	2.4	-
	시험	0.3	-	0.2	-
	기타 작업	0.6	-	0.4	-
	계	4.8	1.3	5.5	4.0
154kV	소운반 · 포장해체 및 준비	1.2	-	1.5	2.4
	본체설치	1.1	0.8	1.4	-
	시험	0.2	-	0.2	-
	기타 작업	0.4	-	0.3	-
	계	2.9	0.8	3.4	2.4

【해 설】

① 통신용 C.P.D도 본품 적용

② 단상기준 1, 2차 측 결선, Megger Test 점검 등을 포함
② 장비를 사용할 때는 소운반, 포장해체 및 준비와 본체 설치품의 35%로 하고 장비의 제경비를 별도 계상
④ 구내 이설은 150%
⑤ 기타 특별한 변류기는 이와 가장 유사한 종류의 품을 적용
⑥ 66kV는 154kV 해당품의 70%, 23kV는 154kV 해당품의 40%
⑦ 철거 50%, 재사용 철거 80% (철거 해당분 품에 한함)

3-8-1 22kV 탱크형 계기용 변압기 설치

(단위 : 대)

공종	변전전공	비계공	특별인부	인력운반공
소운반·포장해체 및 준비	0.48	-	0.47	0.66
본체설치	0.40	0.30	0.40	-
시험	0.08	-	0.08	-
기타작업	0.08	-	0.08	-
계	1.04	0.30	1.03	0.66

【해 설】
① 단상기준 1, 2차 측 결선, Megger Test 점검 등을 포함
② 3상 130%
③ 장비 사용 시 소운반·포장해체 및 준비와 본체 설치품의 35%로 하고 장비의 제경비를 별도 계상
④ 구내 이설은 150%
⑤ 철거 50%, 재사용 철거 80% (철거 해당분 품에 한함)

3-9 22kV급 진공차단기 설치

(단위 : 대)

용량	공종	변전전공	비계공	특별인부	보통인부
520~1000MVA 12.5~25kA (600~2,000A)	포장해체·소운반 및 설치준비	0.4	0.4	0.5	0.5
	본체설치	4.0	1.0	5.0	1.1
	제어케이블결선	0.8	-	-	-
	시험 및 조정	0.5	-	0.5	-
	기타작업	0.2	-	0.2	-
	계	5.9	1.4	6.2	1.6

【해 설】
① 구내 이설은 150%
② 3.3~6.6kV 진공차단기는 60% 적용
③ 장비사용 시 포장해체·소운반 및 설치준비와 본체 설치품의 35%로 하고 장비의 제경비를 별도계상
④ 제어케이블 분리는 변전전공 단독작업으로 결선의 50% 적용
⑤ 철거는 50%(철거 해당분 품에 한함)

3-10 154kV급 가스차단기 설치

(단위 : 대)

용량	공종	변전전공	특별인부	기계설비공	보통인부
10,000~15,000MVA 1,200~2,000A	해체운반 및 설치준비	5.5	16.8	-	-
	Work Frame 조립	2.4	4.4	-	-
	지지애자조립	5.4	10.4	-	-
	차단부 조립	5.3	4.4	-	-
	조작함 조립	4.0	5.8	-	-
	가스처리	4.2	6.5	-	-
	제어케이블결선	2.0	-	-	0.74
	시험 및 조정	5.0	5.3	-	-
	기타 작업	6.7	9.8	1.8	-
	계	40.5	63.4	1.8	0.74

【해 설】

① 3상 옥외설치 기준

② 1Pole은 40%, 2Pole은 70% 적용

③ 25kV는 80%, 50kV는 95% 적용

④ 장비를 사용할 시는 해체운반 및 설치준비, 지지애자 조립, 조작함. 조립품의 35%로 하고 장비의 제경비를 별도 계상

⑤ 구내 이설은 150%

⑥ 제어케이블 분리는 변전전공 단독작업으로 결선의 50% 적용

⑦ 철거 50%, 재사용 철거 80% (철거 해당분 품에 한함)

3-11 154kV GCB(Dead Tank Type) 기계화 설치

(단위 : 대)

용량	공종	변전전공	특별인부	저압 케이블 전공	트럭탑재형 크레인 장비 사용시간(hr)
50kA 2,000~ 4,000A	해체 운반 및 본체 설치	4.88	3.13	-	8.14
	공기압축기 설치	0.68	0.41	-	1.11
	제어함 설치	0.59	0.43	-	0.99
	Gas 및 Air Pipe 설치	4.92	2.6 8	-	-
	케이블 포설 및 결선	-	6.76	13.53	-
	Gas 처리	0.70	0.42	-	-
	시험 및 조정	2.77	2.66	3.59	-
	기타 작업	2.38	1.76	-	-
	계	16.92	18.25	17.12	10.24

【해 설】

① 3상(50kA : 3상 분리가대) 옥외설치 기준임

② 해체운반 및 본체설치, 붓싱 설치, 제어함 설치, 공기압축기설치는 장비(35톤 트럭 탑재형 크레인)사용을 기준으로 하고 기계장비의 경비(기계손료, 운전경비, 수송비)는 별도 계상하며, 제1장의 기계시공 및 기계경비 산정 적용

③ 제어용 케이블 포설 및 결선은 차단기 상호간 및 현장제어반간 결선작업이며, 원격제어용 케이블 포설은 별도 계상

④ 31.5kA(1 Tank : 3상 일괄가대)는 해당품의 60%적용 및 공기압축기설치, 제어함 설치품 제외

⑤ 구내 이설은 150%

⑥ 기설 제어케이블 결선(시험포함) 필요시 다음 해당품 적용 - 결선 : 변전전공 2.68인, 특별인부 0.65인

⑦ 제어케이블 분리는 변전전공 단독작업으로 결선의 50% 적용

⑧ 철거 50%, 재사용 철거 80% (철거 해당분 품에 한함)

3-12 345kV급 가스차단기 설치

(단위 : 대)

용량	공종	변전전공	특별인부	기계 설비공	보통인부
25,000MVA 1,200~2,000A	해체 운반 및 설치 준비	12	44	-	-
	작업대 조립	5	12	-	-
	지지애자 조립	19	43	-	-
	차단부 조립	14	14	-	-
	조작함 조립	9	15	-	-
	Gas 처리	10	16	-	-
	제어 케이블 결선	4.78	-	-	1.77
	시험 및 조정	9	11	-	-
	기타 작업	14	26	4	-
	계	96.78	181	4	1.77

【해 설】

① 3상 옥외설치 기준

② 장비를 사용할 시는 해체운반 및 설치준비, 지지애자 조립, 조작함 조립품의 35%로 하고 장비의 제경비를 별도 계상

③ 구내 이설은 150%

④ 제어케이블 분리는 변전전공 단독작업으로 결선의 50% 적용

⑤ 철거 50%, 재사용 철거 80% (철거 해당분 품에 한함)

3-13 345kV GCB(Dead Tank Type) 기계화 설치

(단위 : 대)

용량	공종	변전전공	특별인부	저압케이블 전공	트럭탑재형 크레인 장비 사용시간(hr)
40kA 2,000~ 4,000A	해체 운반 및 설치 준비	4.95	4.08	-	6.50
	공기압축기 설치	0.86	0.80	-	1.17
	제어함 설치	0.74	0.62	-	1.00
	붓싱 설치	6.68	5.64	-	8.83
	Gas 및 Air Pipe 설치	15.55	10.50	-	-
	케이블포설및결선	-	14.90	29.75	-
	Gas 처리	8.36	5.56	-	-
	시험 및 조정	9.50	6.74	6.80	-
	기타 작업	4.08	6.00	-	-
	계	50.72	54.84	36.55	17.50

【해 설】

① 3상(40kA : 3상 분리가대) 옥외설치 기준

② 해체운반 및 본체설치, 붓싱 설치, 제어함 설치, 공기압축기설치는 장비(35톤 트럭 탑재형 크레인)사용을 기준으로 하고 기계장비의 경비(기계손료, 운전경비, 수송비)는 별도 계상하며, 제1장의 기계시공 및 기계경비 산정 적용

③ 제어용 케이블 포설 및 결선은 차단기 상호간 및 현장제어반간

결선작업이며, 원격제어용 케이블 포설은 별도 계상

④ 구내 이설은 150%

⑤ 철거 50%, 재사용 철거 80% (철거 해당분 품에 한함)

3-14 원방조작형 선로개폐기 설치

(단위 : 대)

용량	공종	변전전공	특별인부
34kV 2,000~4,000A	포장해체, 소운반 및 설치 준비 본체 설치 조작기구 조립 시험 및 조정 기타 작업	5.3 10.6 2.4 5.2 2.8	8.1 12.3 5.8 4.0 2.3
	계	26.3	32.5
154kV 800~2,000A	포장해체, 소운반 및 설치 준비 본체 설치 조작기구 조립 시험 및 조정 기타 작업	2.7 5.5 1.2 2.6 1.4	4.2 6.4 2.9 2.1 1.2
	계	13.4	16.8

【해 설】

① 3상 옥외설치 기준

② 옥내설치 120%, 단상은 40%, 2상은 70% 적용

③ 154kV 4000A는 120%

④ 구내 이설은 150%

⑤ 장비를 사용할 때는 해체 소운반 및 설치준비 본체설치와 조작 기구 조립품의 35%로 하고 장비의 제경비를 별도 계상

⑥ 접지장치가 부착된 품은 150%

⑦ 66kV 원방조작형 선로개폐기 설치품은 154kV 해당품의 60%

⑧ 23kV 원방조작형 선로개폐기 설치품은 154kV 해당품의 36%

⑨ 철거 50%, 재사용 철거 80%(철거 해당분 품에 한함

3-14-1 진공개폐단로기(VIDS) 설치

(단위 : 대)

구분	공종	변전전공	특별인부	장비사용시간(hr) 트럭탑재형크레인 15t
25.8kV 600~ 2,000A	포장해체, 소운반 및 설치준비	0.97	1.51	0.5
	본체 설치	1.98	2.30	2.5
	제어함 설치	0.22	0.52	-
	각종 시험	0.47	0.38	-
	기타 작업	0.50	0.43	-
	계	4.14	5.14	3.0

【해 설】

① 3상 옥외설치 기준, 구내 이설은 150%

② 제어함 설치품은 제어케이블 연결 포함

③ 장비를 사용할 때는「해체, 소운반 및 설치준비」「본체설치」품의 35%로 하고 장비의 제경비를 별도 계상

④ 철거 50%, 재사용 철거 80% (철거 해당분 품에 한함)

⑤ 모선높이 및 작업장소 장경간을 고려하여 15t 크레인 적용

⑥ 장비이동시간은 별도 계상

3-15 단로기(Disconnecting Switch)

(단위 : 대)

용량	공종	변전전공	특별인부
22kV 400~1,200A	포장해체, 소운반 및 설치 준비	0.8	0.9
	설치	0.8	0.9
	조정	0.2	0.2
	계	1.8	2.0

【해 설】

① 3상 옥외설치 기준

② 옥내설치 120%, 단상은 40%, 2상은 70% 적용

③ 구내 이설은 150%

④ 철거 50%, 재사용 철거 80% (철거 해당분 품에 한함)

3-16 345kV급 피뢰기

(단위 : 대)

공종	변전전공	특별인부
포장해체, 소운반 및 설치 준비	2.8	3.0
본체 설치	3.2	3.0
시험 및 조정	1.2	1.0
계	7.2	7.0

【해 설】

① 단상 자기형 옥외설치 기준

② 구내 이설은 150%

③ 장비를 사용할 때에는 소운반 포장해체 및 설치준비와 본체 설치품의 35%로 하고, 장비의 제경비를 별도 계상

④ 철거 50%, 재사용 철거 80% (철거 해당분 품에 한함)

⑤ 폴리머형의 경우 80%

3-17 154kV급 피뢰기

(단위 : 대)

구분	공종	변전전공	특별인부
A Type 대당 중량 1,000kg 이하	소운반, 포장해체 및 설치준비	0.9	0.8
	본체 설치	0.8	0.8
	시험 및 조정	0.3	0.2
	계	2.0	1.8
B Type 대당 중량 1,500kg 이하	소운반, 포장해체 및 설치준비	1.2	1.2
	본체 설치	1.2	1.2
	시험 및 조정	0.5	0.3
	계	2.9	2.7
C Type 대당 중량 2,000kg 이하	소운반, 포장해체 및 설치준비	1.6	1.6
	본체 설치	1.6	1.6
	시험 및 조정	0.7	0.5
	계	3.9	3.7

【해 설】

① 단상 옥외설치 기준

② 옥내설치 120%

③ 폴리머형은 80%

④ 장비를 사용할 때는 소운반 포장해체 및 설치준비와 본체 설치품의 35%로 하고, 장비의 제경비는 별도 가산

⑤ 구내 이설은 150%
⑥ 철거 50%, 재사용 철거 80% (철거 해당분 품에 한함)
⑦ 66㎸급 피뢰기는 154㎸급의 60%

3-18 22kV급 피뢰기

(단위 : 대)

구분	공종	변전전공	특별인부
A Type 대당 중량 50kg 이하	소운반, 포장해체 및 설치준비	0.16	0.30
	본체 설치	0.16	0.30
	시험 및 조정	0.10	0.10
	계	0.42	0.70
B Type 대당 중량 200kg 이하	소운반, 포장해체 및 설치준비	0.25	0.40
	본체 설치	0.25	0.40
	시험 및 조정	0.20	0.20
	계	0.70	1.00
C Type 대당 중량 200kg 초과	소운반, 포장해체 및 설치준비	0.30	0.60
	본체 설치	0.30	0.60
	시험 및 조정	0.20	0.20
	계	0.80	1.40

【해 설】
154kV급 피뢰기 해설 준용

3-19 모선배선(전선 사용 시)

공종	종별	단위	변전전공
모선배선	345kV 154kV 22kV 가공지선	경간 경간 경간 경간	0.73 0.44 0.22 0.44
직선지지가선	345kV 지지점 154kV 지지점 22kV 지지점	개소 개소 개소	0.30 0.17 0.09
전선분기	345kV 154kV 22kV	개소 개소 개소	0.47 0.27 0.13
기기단자부칩	특고압 고압 압축 납땜 압축 납땜	 개소 개소 개소 개소	 0.15 0.17 0.07 0.08

【해 설】

① 단모선(1선)으로 재료의 소운반, 청소, 점검 등을 포함

② 내장 모선배선의 애자 설치품은 별도 계상

③ 직선 지지가선에서 지지애자 설치품은 별도 계상

④ 전선분기는 전선의 도중 분기하는 경우임

⑤ 작업높이 기준(고소할증률 포함)

345kV 10~25m
154kV 9~14m
22kV 6~8m
가공지선 8~20m

- 가공지선의 경우 20m 초과 설치 시 10% 가산

⑥ 사용전선 기준

300~600㎟(H. D. C. C) 345kV
200~500〃(〃) 154kV
38~100〃(〃) 22kV
30~100〃(아연도강철선) 가공지선

⑦ ACSR도 본품 준용

⑧ 복도체인 경우는 180%, 4도체인 경우는 340%, 6도체인 경우는 500% 적용

⑨ 66kV는 154kV품의 70% 적용

⑩ 철거 50%

⑪ 기기단자 접속품은 단자 처리할 때만 적용
⑫ 사용애자 개수기준
345kV 현수애자 20~22개
장간애자 3개
154kV 현수애자 9~11개
장간애자 2개

3-20 모선배선(동관, 동봉 및 Al관 사용할 때)

공종	종류 및 규격		단위	변전전공	보통인부
배선	동관	ø 25	m	0.015	0.007
		ø 50	m	0.042	0.026
		ø 100	m	0.094	0.060
	동봉	6㎜	m	0.002	0.001
		8㎜	m	0.004	0.001
		10㎜	m	0.011	0.005
		20㎜	m	0.024	0.015
		30㎜	m	0.047	0.030
	Al관	ø 25	m	0.018	0.010
		ø 50	m	0.056	0.033
		ø 100	m	0.118	0.075
		ø 150	m	0.180	0.117
		ø 200	m	0.243	0.160
분기	동관	ø 25	개소	0.045	0.020
		ø 50	〃	0.127	0.084
		ø 100	〃	0.285	0.190
	동봉	6㎜	개소	0.007	0.002
		8㎜	〃	0.011	0.007
		10㎜	〃	0.030	0.014
		20㎜	〃	0.072	0.046
		30㎜	〃	0.142	0.091
	Al관	ø 25	개소	0.054	0.036
		ø 50	〃	0.168	0.135
		ø 100	〃	0.332	0.227
		ø 150	〃	0.512	0.318
		ø 200	〃	0.680	0.405
단자처리	압축	개소	0.11	-	
	납땜	〃	0.14	-	

【해 설】

① 동관, 동봉, Al관의 소운반, 청소, 점검 등을 포함
② Support Clamp Coupler 및 기타 철물류 설치 포함
③ 동관, 동봉, Al관의 가공, 절단, 수평잡기 기타 등 포함
④ 작업높이 기준은 모선배선(전선 사용 시) 준용
⑤ 철거 50%

3-21 모선배선(동대, 알루미늄대 사용 시)

공종	종류	규격	단위	변전전공	보통인부
배선	동대 단면적	75 ㎟ 이하	m	0.08	0.06
	〃	150 ㎟ 이하	〃	0.09	0.07
	〃	300 ㎟ 이하	〃	0.10	0.08
	〃	500 ㎟ 이하	〃	0.11	0.09
	〃	750 ㎟ 이하	〃	0.13	0.10
	〃	1,000 ㎟ 이하	〃	0.15	0.11
	〃	2,000 ㎟ 이하	〃	0.21	0.14
	〃	4,000 ㎟ 이하	〃	0.27	0.20
	〃	6,000 ㎟ 이하	〃	0.32	0.24
	알루미늄대 단면적	500 ㎟ 이하	m	0.15	0.11
	〃	1,000 ㎟ 이하	〃	0.18	0.14
굽힘 (두께방향)	동대 단면적	75 ㎟ 이하	개소	0.25	0.18
	〃	150 ㎟ 이하	〃	0.28	0.20
	〃	300 ㎟ 이하	〃	0.31	0.23
	〃	500 ㎟ 이하	〃	0.35	0.25
	〃	750 ㎟ 이하	〃	0.39	0.30
	〃	1,000 ㎟ 이하	〃	0.44	0.33
	〃	2,000 ㎟ 이하	〃	0.58	0.43
	〃	4,000 ㎟ 이하	〃	0.77	0.58
	〃	6,000 ㎟ 이하	〃	0.93	0.70
	알루미늄대 단면적	500 ㎟ 이하	개소	0.47	0.30
	〃	1,000 ㎟ 이하	〃	0.55	0.42

공종	종류	규격	단위	변전전공	보통인부
분기	동대 단면적	75 ㎟ 이하	개소	0.16	0.12
	〃	150 ㎟ 이하	〃	0.18	0.13
	〃	300 ㎟ 이하	〃	0.21	0.15
	〃	500 ㎟ 이하	〃	0.23	0.17
	〃	750 ㎟ 이하	〃	0.26	0.19
	〃	1,000 ㎟ 이하	〃	0.29	0.22
	〃	2,000 ㎟ 이하	〃	0.40	0.28
	〃	4,000 ㎟ 이하	〃	0.51	0.39
	〃	6,000 ㎟ 이하	〃	0.62	0.45
	알루미늄대 단면적	500 ㎟ 이하	개소	0.31	0.27
	〃	1,000 ㎟ 이하	〃	0.35	0.28

【해 설】

① 동대 및 알루미늄대, 소운반, 청소 가공, 절단, 수평잡기 등을 포함

② Support Clamp Coupler 설치를 포함

③ 굽힘 전 방향은 두께방향 폭의 130%

④ 철거는 50%

3-22 상비분리식 밀폐형 모선

(단위 : m당, 변전전공)

전압 / 전류	600V 이하	3.3~6.6kV급	11~22kV급
200A 이하	0.27	0.52	0.68
600A 이하	0.41	0.77	1.03
1,000A 이하	0.57	1.10	1.45
1,500A 이하	0.82	1.55	2.05
2,000A 이하	1.03	1.94	2.58
3,000A 이하	1.43	2.73	3.57

【해 설】

상분할 및 상분리식 밀폐형모선 해설 준용

3-23 상분할 및 상분리식 밀폐형 모선

(단위 : m당 변전전공)

분류 / 전압 / 전류	상분할식	상분리식
	11~22kV급	11~22kV급
800A 이하	1.48	1.82
1,200A 이하	2.10	2.60
2,000A 이하	3.10	3.85
3,000A 이하	4.46	5.54
5,000A 이하	6.80	8.30
8,000A 이하	9.52	11.70
10,000A 이하	11.80	14.58
14,000A 이하	16.10	20.40
17,000A 이하	19.60	23.70

【해 설】

① 3상 기준, 먹물치기 지지철물류취부 Duct 접속, 수평조정, 도체접속 등을 포함하며 구내의 소운반 포함

② 옥내용 기준이며, 옥외용은 110%

③ 모선 및 외함의 재질에 관계없이 공히 적용

④ 직선부분의 천정높이 4m 이하 수평으로 Hanging 할 경우이며 벽면을 따라 수직으로 설치할 경우는 90%

⑤ 비계목이 필요할 경우는 별도 계상

⑥ 옥외용 Bus Duct의 지지가대 설치품은 별도 가산되며 옥외 기기가대품을 적용

⑦ Al도체를 용접하여 접속할 경우는 특수용접품을 별도 계상

⑧ 부속품 설치품은 다음과 같다.

(가) Elbow - 직선품의 3m분

(나) Offset - 직선품의 5m분

(다) T형 분기 - 직선품의 5m분

(라) 십형 분기 - 직선품의 5m분

⑨ 철거 50%

3-23-1 충전부 절연화 시공

구분	규격	단위	작업위치	변전전공	보통인부	작업내용
절연 테이프	동대	m	지상	0.155	0.219	준비 + 절연테이프 감기 + 열처리 + 뒷정리
			상부	0.201	0.284	
	동봉	m	지상	0.040	0.057	
			상부	0.052	0.073	
절연 튜브	동대	m	지상	0.029	0.041	준비 + 절연튜브 씌우기 + 열처리 + 뒷정리
			상부	0.040	0.057	
	동봉	m	지상	0.023	0.032	
			상부	0.029	0.041	
절연 커버		개소	지상	0.006	-	준비 + 절연커버 취부 + 뒷정리
			상부	0.011	-	

【해 설】

① 절연화라 함은 감전사고 및 외출접촉 고장을 예방하기 위함

② 절연화 작업 중 현장 여건상 상부작업이 어려워 지상 작업 시행 시 설비별 철거, 설치품은 별도 계상

③ 절연커버 설치는 동일 장소에서 1개소 증가마다 30% 가산한다. 동일 장소라 함은 철구 내에서는 Beam 1개소, 차단기 1대, LS 1조 단위를 말한다.

④ 상부 절연화 작업 시 절연튜브를 끼우기 위한 동대, 동봉 분리작업 별도 계상

3-24 철구 및 기기가대 조립 설치

(단위 : 톤)

공종	변전전공	보통인부
철구조립	3.8	2.0
기기가대	4.2	2.0

【해 설】

① 구내운반, 재료분류, 하부재의 정치작업 포함

② 기초 흙 파기, 거푸집, 콘크리트작업은 별도 계상

③ 강재현장 가공 시 구멍 뚫기 품(Hand Drill 사용)

지상작업 시 ø 22㎜ 이하 개당 변전전공 0.01인

주상작업 시 ø 22㎜ 이하 개당 변전전공 0.07인

④ 철거 50%, 재사용 철거 80%

3-25 애자 및 Bushing 관통

(단위 : 개소)

<table>
<tr><th>종류</th><th colspan="3">공종</th><th>변전전공</th><th>비계공</th><th>보통인부</th><th>석공</th></tr>
<tr><td rowspan="6">지지
애자</td><td colspan="2" rowspan="3">옥외설치
(모선지지주)</td><td>345kV</td><td>0.60</td><td>-</td><td>0.30</td><td>-</td></tr>
<tr><td>154kV</td><td>0.30</td><td>-</td><td>0.15</td><td>-</td></tr>
<tr><td>22kV</td><td>0.07</td><td>-</td><td>0.04</td><td>-</td></tr>
<tr><td colspan="2">벽 설치</td><td>22kV</td><td>0.22</td><td>-</td><td>0.15</td><td>0.14</td></tr>
<tr><td colspan="2" rowspan="2">천장설치</td><td>154kV</td><td>0.90</td><td>-</td><td>0.90</td><td>0.38</td></tr>
<tr><td>22kV</td><td>0.28</td><td>-</td><td>0.22</td><td>0.16</td></tr>
<tr><td rowspan="6">Bushing
관통</td><td rowspan="4">벽
관통
설치</td><td rowspan="2">높이
2m 이하</td><td>154kV</td><td>1.50</td><td>0.96</td><td>1.20</td><td>0.75</td></tr>
<tr><td>22kV</td><td>0.75</td><td>-</td><td>0.55</td><td>0.55</td></tr>
<tr><td rowspan="2">높이
4m 이하</td><td>154kV</td><td>2.25</td><td>1.30</td><td>1.50</td><td>1.00</td></tr>
<tr><td>22kV</td><td>1.00</td><td>-</td><td>0.75</td><td>0.75</td></tr>
<tr><td colspan="2" rowspan="2">천정 관통 설치</td><td>154kV</td><td>1.36</td><td>0.83</td><td>0.96</td><td>0.60</td></tr>
<tr><td>22kV</td><td>0.75</td><td>-</td><td>0.40</td><td>0.50</td></tr>
<tr><td rowspan="3">모선
지지주</td><td colspan="3">345kV용 ø8″ 이상 × 4,000㎜</td><td>0.93</td><td>-</td><td>0.55</td><td>-</td></tr>
<tr><td colspan="3">154kV용 ø8″ 이상 × 3,300㎜</td><td>0.65</td><td>-</td><td>0.40</td><td>-</td></tr>
<tr><td colspan="3">22kV용 ø6″ 이상 × 3,000㎜</td><td>0.38</td><td>-</td><td>0.25</td><td>-</td></tr>
</table>

【해 설】

① 소운반, 청소, 점검, Megger Test 등을 포함

② 모선 지지주는 기초를 포함하지 않으며 수평, 수직맞추기를 포함

③ Bushing 관통 설치할 때 관통벽은 Concrete 12㎝를 기준한 것으로 15㎝일 경우는 130%, 20㎝일 경우는 180%, 25㎝일 경우는 250%

④ 작업높이는 모선배선 조건과 동일함

⑤ 사용전선은 모선배선 조건과 동일함

⑥ 애자개수는 모선배선 조건과 동일함

⑦ 지지애자의 전압별 수량은 다음과 같다.

154kV	4개
22kV	1개

3-26 전력용 콘덴서 설치

(단위 : Cell)

전압(용량)	형태	공종	변전전공	보통인부	장비사용시간(hr)
22kV (5MVAR) Cell:278 kVAR	옥외 수평형	설치준비	0.10	0.35	-
		설치	0.23	0.79	-
		시험	0.21	0.21	-
		뒷정리	0.17	0.58	-
		계	0.71	1.93	-
	철골조옥상 수평형	설치준비	0.17	0.33	1.00
		설치	0.21	0.57	1.00
		시험	0.21	0.21	-
		뒷정리	0.25	0.49	-
		계	0.84	1.60	2.00
154kV (50MVAR) Cell:570 kVAR		설치준비	0.43	0.96	-
		설치	0.32	0.66	0.27
		시험	0.15	0.19	-
		뒷정리	0.05	0.06	-
		계	0.95	1.87	0.27
154kV (50MVAR) Cell:1059 kVAR		설치준비	0.1	0.03	-
		설치	0.52	0.17	0.34
		시험	0.08	0.03	-
		뒷정리	0.04	0.02	-
		계	0.74	0.25	0.34

【해 설】

① 소운반 설치 Megger Test 점검, 해체, 청소 등을 포함

② 기초 가대 및 모선배선은 포함되지 않음

③ 가대 또는 Concrete 기초 위에 설치하는 것임

④ 22kV 설치 시 장비는 25t 트럭 탑재형 크레인 사용기준이며, BANK 단위

⑤ 154kV 설치 시 장비는 10t 트럭 탑재형 크레인 사용기준

⑥ 철거 50%, 재사용철거 80% (철거 해당분 품에 한함)

⑦ 2 Cell 이상 동시 설치할 경우에는 1 Cell당 80% 가산

3-27 방전 Coil

(단위 : 대)

전압	변전전공	보통인부
22kV	2.5	2.0
154kV	5.0	4.0

【해 설】

① 전력용 콘덴서 해설 ①, ②, ③ 참조

② 설치 전 소운반, 포장해체 포함

③ O.T 처리를 할 경우는 다음 공량을 가산

- 22kV … 변전전공 0.2인, 보통인부 0.2인
- 154kV … 변전전공 0.4인, 보통인부 0.4인

④ 철거 50%, 재사용 철거 80%

⑤ 단일 수전설비 공사 시 20% 가산

3-28 직렬 Reactor

(단위 : 대)

전압	규격	공종	변전전공	보통인부	장비사용시간(hr) 10t 크레인
22kV	단상 100kVA	소운반 · 포장해체 및 설치	1.1	2.3	-
		O.T 처리	0.6	1.0	-
		점검	0.4	0.7	-
		계	2.1	4.0	-
	단상 200kVA	소운반 · 포장해체 및 설치	1.5	2.6	-
		O.T 처리	1.0	1.2	-
		점검	0.8	1.0	-
		계	3.3	4.8	-
	단상 300kVA	소운반 · 포장해체 및 설치	1.8	3.1	-
		O.T 처리	1.2	1.6	-
		점검	0.8	0.8	-
		계	4.0	5.5	-
	단상 600kVA	소운반 · 포장해체 및 설치	2.5	3.5	-
		O.T 처리	1.5	2.0	-
		점검	1.2	1.5	-
		계	5.2	7.0	-
154kV	50M VAR 용	설치준비	0.88	1.15	-
		설치	1.25	1.69	1.67
		시험	0.25	0.33	0.33
		뒷정리	0.13	0.17	-
		계	2.51	3.34	2.00

【해 설】

① 전력용 콘덴서 해설 참조

② 단일 수전설비 공사 시 20% 가산

3-28-1 3상 345kV 100MVAR 분로리액터 설치

공종	변전전공	비계공	특별인부	기계설비공	인력운반공
본체정치 및 준비	14	29	24	-	26
라디에이터조립 (열 교환기)	8	9	12	3	16
콘서베이터 조립	4	3	7	-	6
붓싱 설치 접속	16	12	13	-	10
OT처리	19	-	54	-	-
내부 결선	11	-	7	-	-
각종 부분품 조립	22	18	31	16	15
GAS처리	8	-	18	-	11
시험 및 조정	11	-	35	-	-
계	113	71	201	19	84

【해 설】

① 3상 100MVAR FOA 및 FOW 기준으로 소운반 및 포장해체 포함

② 3상 200MVAR는 108%

③ 인력작업 기준

④ 장비를 사용할 때는 본체정치 및 준비, 라디에이터 조립, 콘서베이터 조립, 붓싱 설치 접속 및 각종 부분품 조립품의 35%로 하고 장비의 제경비를 별도 계상

⑤ FAN TYPE 및 수냉식은 라디에이터(열교환기) 붙임 품의 115%

⑥ 구내 이설 시는 150%

⑦ OIL TO GAS 및 OIL TO AIR 붓싱 TYPE 공통 적용

⑧ 옥내, 옥외 설치 공통 적용

⑨ 철거품은 50%, 재사용 철거 80% (철거 해당분 품에 한함)

3-28-2 345kV 전류제한리액터 설치

(단위 : 대)

공종	1500A		2000A	
	플랜트전공	보통인부	플랜트전공	보통인부
점검	-	7.5	-	10
주축조정제조 및 해체 부착	0.37	0.37	0.37	0.37
지지애자 설치 및 BASE PLATE 부착	4.87	9.75	5.5	11
설치 및 결선	6.56	10.78	8.75	14.37
준비 및 정리	-	1.5	-	1.5
합계	11.80	29.90	14.62	37.24

【해 설】

① 본 전류제한리액터의 표준 중량은 1,500A[420kg] 2000A[650kg]으로 하고 차이로 인한 표준중량의 초과분에 대해서는 설치 및 결선품의 보통인부에 대해 다음의 할증률을 가산한다.

- 표준중량 초과 100%마다 보통인부 공량의 50% 가산

② 고소작업인 경우 지지애자 설치 및 BASE PLATE 부착, 설치 및 결선품에 1-11-5 위험할증률 적용

③ 특수작업인 경우 지지애자 설치 및 BASE PLATE 부착, 설치 및 결선품에 10% 할증률을 가산한다.

④ 지지애자 설치 및 BASE PLATE 부착품의 경우 리액터 대당 지지애자 수량이 5개 이상인 경우 80% 가산

⑤ 지지애자 설치 및 BASE PLATE 부착, 설치 및 결선품은 장비(100TON 크레인) 사용 시 보통인부의 35%를 적용하고 장비의 경비는 별도 계상한다.

3-29 전력용 콘덴서 뱅크용 저항기

(단위 : 대)

전압	규격	공종	변전전공	보통인부	장비사용시간(hr) 10t 크레인
154kV	50MVAR용	설치준비	0.31	0.31	-
		설치	0.19	0.19	1.50
		시험	0.06	0.06	-
		뒷정리	0.06	0.06	-
		계	0.62	0.62	1.50

3-29-1 22kV 중성점 접지리액터(NGR) 설치

(단위 : 대)

전압	규격	공종	변전전공	보통인부
22kV	단상 0.6Ω 300A	소운반 · 포장해체 및 설치	0.9	1.9
		점검	0.3	0.6
		계	1.2	2.5

【해 설】

① 소운반 설치, Megger test 점검, 해체, 청소 등을 포함

② 가대 또는 Concrete 기초 위에 설치하는 것임

③ 철거 50%, 재사용 철거 80% (철거 해당분 품에 한함)

3-29-2 154kV SC CT 설치

전압	규격	공종	변전전공	보통인부
154kV	50M VAR	소운반, 포장해체 및 설치 점검 및 뒷정리	0.40 0.10	0.55 0.15
		계	0.50	0.70

【해 설】

① 소운반 설치, Megger Test 점검, 해체, 청소 등을 포함

② 가대 또는 콘크리트 기초 위 설치기준

③ 철거 50%, 재사용 철거 80% (철거 해당분 품에 한함)

3-30 철재류 가공 및 조립

(단위 : 톤)

구 분 \ 공종별		배전반, 분전반 계기용 박스의 외함	단자함, Pull Box	각종 Pole	조명탑	Rack, Duct, Shaft, Bracket 및 Support
현장 작업	철판공	24.80	23.90	22.10	24.80	27.40
	용접공(일반)	3.70	3.80	3.90	3.70	3.60
	보통인부	0.35	0.37	0.38	0.35	0.34
공장 작업	철판공	20.10	19.40	17.70	20.10	21.60
	용접공(일반)	3.70	3.80	3.90	3.70	3.60
	보통인부	0.30	0.30	0.31	0.30	0.29

【해 설】

① 소재를 기준으로 한 것이며 아연도는 별도 계상

② 구내 소운반, 구멍 뚫기, 리벳팅을 포함

③ 사용 장비 손료, 자재할증, 소모자재, 내부 기기류 설치, 도장공사는 별도 계상

④ 실 가공 및 조립물량 기준

⑤ Rack, Duct, Shaft, Bracket, Support, 각종 Pole 및 조명탑 등의 완제품 설치시는 현장작업의 25%, 이 경우 설치품은 철판공은 변전전공, 용접공은 비계공으로 계상

⑥ 공장 가공 시는 공장 간접비를 별도 계상

⑦ 시장가격이 형성되어 있는 품목은 제외

⑧ 철거는 50%

참고

구분		단위	배전반, 분전반 계기용 박스의 외함	단자함, Pull Box	각종 Pole	조명탑	Rack Duct, Shaft, Bracket 및 Support
가공 및 조립	용접봉 3.2㎜	kg	13.2	13.2	13.2	1.65	13.2
	산소 7,000 l	병	0.692	0.692	0.692	0.10	0.692
	아세틸렌 6kg	병	0.33	0.33	0.33	0.05	0.33
	Grinder Stone	개	0.5	0.5	-	2	2
	너트 및 볼트	개	별도계상	별도계상	-	별도계상	별도계상
설치	용접봉 3.2㎜	kg	-	-	-	-	1.65
	산소 7,000 l	병	-	-	-	-	0.10
	아세틸렌 6kg	병	-	-	-	-	0.05
	너트 및 볼트	개	-	-	별도계상	-	-

【해 설】

Fillet 용접, 용접장 40m/톤 기준

3-31 Checkered Plate 제작 설치

(단위 : 톤)

구분		단위	물공량 표준		비고
			제작	설치	
재료	용접봉	kg	11.22	1. 98	
	산소	kl	3.825	0.675	
	아세틸렌	kg	1.7	0.3	
품	철판공	인	11.2	-	
	보통인부	인	0.35	3.65	사용소재에 따라 철공 또는 강판공
	용접공(일반)	인	1.42	0.25	
	특별인부	인	0.38	0.0 7	
기타 손료	용접기 손료	시간	12.65	2.23	
	전력 소요량	kWh	76.5	13.5	
	기타 손료	식	1	1	

① 발·변전소 구내의 Duct Cover 제작 및 설치 기준

② 완제품 설치 시 재료 및 기타손료는 계상치 않는 것을 원칙으로 하되 필요에 따라 상기 범위 내에서 조정 계상

③ 철거 50%

3-32 Cable Cleat 설치

(단위 : 개)

<table>
<tr><th colspan="3">전선</th><th colspan="9">물량</th></tr>
<tr><th></th><th></th><th></th><th colspan="4">Cleat</th><th colspan="2">Bolt</th><th>Nut</th><th>Washer</th><th rowspan="2">케이블공</th></tr>
<tr><th>종류</th><th>전압</th><th>규격</th><th>규격</th><th>단수</th><th>공수</th><th>공경</th><th>W1/2 ×260</th><th>W1/2 ×140</th><th>W1/2</th><th>W1/2</th></tr>
<tr><td>BN
BN
BN
BN
BN
BN
BN
BN
BN
BN</td><td>10kV
10kV
10kV
10kV
10kV
10kV
600V
600V
600V
600V</td><td>1C×500㎟
1C×38㎟
1C×500㎟
1C×38㎟
1C×500㎟
1C×500㎟
1C×500㎟
1C×400㎟
1C×400㎟
1C×200㎟
1C×80㎟</td><td>240×60㎜×580 이하
240×60×460 이하
120×60×100 이하
240×60×840 이하
120×60×580 이하
120×60×340 이하
120×60×340 이하
240×60×340 이하
100×50×376 이하
100×50×274 이하</td><td>2
2
1
2
1
1
1
2
1
1</td><td>6
1
6
1
12
6
3
3
6
3
3</td><td>50㎜
30㎜
58㎜
30㎜
58㎜
44㎜
44㎜
40㎜
40㎜
33㎜
24㎜</td><td>2개
2개
2개
2개</td><td>4개
2개
2개
2개
2개
2개
2개</td><td>4개
4개
2개
4개
2개
2개
2개
4개
2개
2개</td><td>4개
4개
2개
4개
2개
2개
2개
4개
2개
2개</td><td>0.070
0.056
0.007
0.102
0.035
0.021
0.025
0.050
0.019
0.013</td></tr>
</table>

【해 설】

사용 케이블의 공칭전압에 따라 케이블공 직종을 구분 적용

3-33 배전반 설치

(단위 : 면)

종별	변전전공	보통인부
자립형 W800×H2,000 내외	2.9	1.2
자립형 W1,000×H2,000 내외	3.7	1.5
원방제어반 W1,500×D1,400×H2,350 내외	7.2	2.2
원방제어반 책상형 W2,000 내외	6.0	1.5
원방제어용계전기반 W700×D1,500×H2,500 내외	6.8	2.0
자립밀폐(계기반) W1,200×D800×H2,000 내외	6.8	3.0
배전프레임조립	0.75	0.75

【해 설】

① 완제품 설치 기준

② 이면반이 있을 경우 150%

③ 포장해체, 청소, 시험, 조정, 내부결선 점검 포함

④ 제어 Cable 배선 결선은 제외

⑤ 이설 140%

⑥ 원방제어반은 무인변전소 제어용임

⑦ 모자이크형 배전반은 본품에 준함
⑧ 기설 배전반의 제어 케이블 분리 및 결선(시험 포함) 필요시는 다음 해당품 적용
· 345kV급 - 분리 : 변전전공 3.48인
- 결선 : 변전전공 11.12인
보통인부 3.98인
· 154kV급 - 분리 : 변전전공 3.10인
- 결선 : 변전전공 6.30인
보통인부 2.86인
· 22kV급은 154kV급 해당품의 70%
· 소내전원반 - 분리 : 변전전공 1.55인
- 결선 : 변전전공 3.15인
보통인부 1.43인
⑨ 철거 40%
⑩ 단일 수전설비 공사 시 20% 가산

3-34 배전반 계기류 설치

(단위 : 개)

종 별	변전전공	보통인부
계기용변성기 P.T	0.34	-
C.T	0.34	-
Z.C.T	1.10	0.35
계기 및 계전기 대형(170×200㎜정도)	0.38	-
〃 중형(80×120㎜정도)	0.27	-
〃 소형	0.18	-
일반기구류(VS, AS 저항기 등)	0.20	-
반이면 배선(m당)	0.055	-

【해 설】
① 계기 및 계전기는 구멍 뚫기 가공 포함
② 계기 및 계전기 매입 삽입형은 200%
③ 이면배선은 배선 Binding, 단말 처리, 직선접속, 배선 Check 포함
④ 저압애자 설치 시 개당 변전전공 0.028인 적용
⑤ 철거 50%
⑥ 단일 수전설비 공사 시 20% 가산

3-35 Cubicle 설치

규격	중량(kg)											
	500 이하				1,000 이하				1,500 이하			
체적(㎥) (W×H×D)	변전 전공	비계공	기계 설비공	보통 인부	변전 전공	비계공	기계 설비공	보통 인부	변전 전공	비계공	기계 설비공	보통 인부
1.0이하	1.50	0.65	0.32	1.20	2.10	0.85	0.40	1.60	3.20	1.35	0.67	2.40
1.5이하	1.70	0.70	0.35	1.35	2.25	0.95	0.50	1.65	3.40	1.40	0.70	2.60
2.5이하	2.10	0.80	0.40	1.50	2.50	1.00	0.55	2.00	3.70	1.50	0.80	2.85
3.5이하	2.25	0.95	0.45	1.70	2.70	1.10	0.65	2.20	3.90	1.60	0.90	3.05
6.0이하	2.45	1.20	0.50	2.10	2.95	1.45	0.75	2.65	4.05	2.00	1.00	3.30
10.0이하	3.00	1.70	0.60	2.65	3.50	2.00	0.90	3.10	4.65	2.70	1.10	3.90
10.0초과	3.60	2.50	0.70	3.20	4.60	3.00	1.20	4.40	5.00	3.90	1.20	4.65

규격	중 량 (kg)											
	2,000 이하				3,000 이하				4,000 이하			
체적(㎥) (W×H×D)	변전 전공	비계공	기계 설비공	보통 인부	변전 전공	비계공	기계 설비공	보통 인부	변전 전공	비계공	기계 설비공	보통 인부
1.0이하	4.30	1.75	0.85	3.30	5.90	2.40	1.20	4.60	8.00	3.35	1.65	6.20
1.5이하	4.50	1.85	0.95	3.45	6.00	2.50	1.30	4.70	8.10	3.42	1.70	6.30
2.5이하	4.75	2.00	1.00	3.65	6.25	2.60	1.38	4.90	8.30	3.50	1.76	6.50
3.5이하	5.00	2.10	1.05	3.80	6.50	2.80	1.42	5.10	8.50	3.60	1.84	6.70
6.0이하	5.20	2.50	1.10	4.10	6.80	3.30	1.50	5.30	8.80	3.90	1.90	6.90
10.0이하	5.50	3.00	1.20	4.60	7.05	4.00	1.60	5.60	9.10	4.80	2.00	7.40
10.0초과	5.90	4.20	1.30	5.40	7.40	5.20	1.70	6.50	9.40	5.90	2.10	8.00

【해 설】

① 소운반, 청소, 시험, 조정 내부결선 등을 포함

② 계기, 계전기, 내부기기가 완전히 취부된 상태의 설치기준

③ 조작 Cable 포설결선은 불 포함

④ 기계설비공은 공기식 제어장치 설치에만 계상

⑤ Thyrister는 본품 준용

⑥ 이설 140%

⑦ 철거 30%, 재사용 철거 40%

⑧ 단일 수전설비 공사 시 20% 가산

3-36 축전지 설치

(단위 : 조)

형	용량	전압 / 직종	12V 이하	24V 이하	60V 이하	120 V 이하
밀폐형	100AH 이하	플랜트 전공	4.7	5.2	6.6	8.7
		보통인부	1.6	2.4	4.6	8.4
	200AH 이하	플랜트 전공	4.9	5.5	7.5	10.4
		보통인부	2.5	3.6	5.7	10.2
	400AH 이하	플랜트 전공	6.3	7.6	10.8	16.0
		보통인부	2.8	4.5	8.8	16.5
	1000AH 이하	플랜트 전공	8.1	10.5	16.6	27.3
		보통인부	5.8	7.7	14.5	27.1
개방형	100AH 이하	플랜트 전공	6.0	6.8	10.1	14.9
		보통인부	1.5	2.4	4.5	8.0
	200AH 이하	플랜트 전공	6.6	8.0	11.9	18.3
		보통인부	2.2	3.5	6.3	10.9
	400AH 이하	플랜트 전공	9.2	11.5	18.9	31.3
		보통인부	3.4	5.0	9.7	16.7
	1000AH 이하	플랜트 전공	12.7	17.3	29.2	51.0
		보통인부	6.2	8.3	16.5	27.6

【해 설】

① 기초대를 1열 1단으로 하여 설치

② Rack, Duct설치, 배관 및 배선은 별도 계상

③ 2조를 동시 동일 장소에 설치할 경우는 180%

④ 이설은 140%

⑤ 단위에 있어 조당이라 함은 개수에 상관없이 소요전압을 얻을 수 있는 수량을 합계한 것임.

⑥ Dry Charge형 축전지의 경우 밀폐형의 60%

⑦ 1500AH는 1000AH 품의 130%, 2200AH는 170%, 4400AH는 200%

⑧ 철거 50%, 재사용 철거 80%

3-37 Battery 충전장치 설치

(단위 : 대)

용량별	전압별(DC) / 직종	12V 이하	24V 이하	100V 이하	250V 이하
10A 이하	변전전공	2.52	2.65	2.82	2.91
	보통인부	2.38	2.46	2.88	3.08
50A 이하	변전전공	2.84	2.93	3.15	3.30
	보통인부	2.86	3.10	3.52	3.84
100A 이하	변전전공	3.13	3.32	3.70	3.88
	보통인부	3.45	3.83	4.60	4.98
200A 이하	변전전공	3.50	4.06	4.66	4.94
	보통인부	5.15	5.28	6.50	7.12
400A 이하	변전전공	4.20	4.76	6.40	7.17
	보통인부	7.10	7.40	10.00	11.48
600A 이하	변전전공	5.04	5.46	-	-
	보통인부	7.23	8.93	-	-
800A 이하	변전전공	-	5.80	-	-
	보통인부	-	8.80	-	-

【해 설】

① 소운반, 포장해체, 점검 및 자체시험 등을 포함

② FC형 또는 SID 등에 부설되는 배전함 또는 제어반은 배전반 설치공정에 준하여 가산

③ 배관, 배선품은 별도 계상

④ 철거 40%, 재사용 철거 80%, 이설 140%

⑤ 단일 수전설비 공사 시 20% 가산

3-38 접지공사

종별	단위	전공	보통인부
접지봉(지하 0.75m 기준)			
길이 1~2m×1본	개소	0.11	0.08
×2본 연결	〃	0.16	0.13
×3본 연결	〃	0.24	0.20
동판매설 (지하 1.5m 기준)			
0.3m×0.3m	매	0.16	0.27
1.0m×1.5m	〃	0.27	0.46
1.0m×2.5m	〃	0.43	0.73
탄소봉매설 (지하 1.5m 기준)			
ø 150×1000 미만	개소	0.27	0.46
ø 150×1000 이상	〃	0.43	0.73
ø 300×1000 미만	〃	0.59	1.0
접지선부설 450/750V 비닐전선	개소	0.03	0.02
완철접지 22.9kV D/L	〃	0.03	-
접지선 매설			
14㎟ 이하	m	0.006	-
38㎟ 이하	〃	0.007	-
80㎟ 이하	〃	0.008	-
150㎟ 이하	〃	0.011	-
150㎟ 초과	〃	0.014	-
접속 및 단자설치			
압축(압축만 시행)	개	0.081	-
압축(압축슬리브 사용)	〃	0.097	-
납땜 또는 용접	〃	0.102	-
압축단자	〃	0.016	-
볼트체결형	〃	0.027	-
접지클램프	〃	0.02	-
접지시험 단자함	개	0.66	-

【해 설】

① 접지선 연결, 접지저항 측정 포함

② 접지봉은 전주건주를 위하여 이미 굴착된 지하부분을 이용하여 시공하는 것을 기준, 단, 기설전주에 접지봉 추가시설 및 보강 지반굴착은 별도 계상

③ 철거는 50%, 동판, 동봉을 버리는 경우는 전공품의 10%

④ 동일 장소에 접지판을 2매 이상을 동시에 매설할 경우 1매 증가마다 30%씩 가산, 또한 저감제 사용 시는 1개소 또는 1매당 30%를 가산

⑤ 접지선 부설은 CP주 설치를 기준한 것이며 목주는 120%, 기설 CP주는 150%

⑥ 완철접지는 접지하지 않는 전주에서 완철과 중성선을 연결하는 접지를 말함

⑦ 접지선 매설시 굴착, 되메우기, 잔토처리는 별도 계상

⑧ 지세별 할증률 적용

⑨ 접속 및 단자설치는 접지선 매설시 접지모선과 접지분기선의 접속 및 단자설치에 한하여 적용

⑩ 전공은 변전설비의 접지공사 시는 변전전공, 전주 및 배선설비의 접지공사 시는 배전전공(전철설비 포함), 옥내설비의 접지공사 시는 내선전공, 신호설비의 접지공사 시는 철도신호공, 발전설비 및 중공업설비의 접지공사 시는 플랜트 전공 적용

⑪ 접지선을 Cable Rack, Duct, 케이블트레이 및 전선관으로 옥내 설치시는 150%

⑫ 접지봉 3본 연결을 초과한 1본 연결 증가마다 전공 0.07인, 보통인부 0.05인을 별도 가산

⑬ 탄소봉 매설시 대형접지전극(50kg 기준) 10kg 증가마다 10%씩 가산

3-39 보링접지 신설

가. 대지고유저항 측정 및 분석

공정별	단위	전기공사 산업기사	특별인부
대지고유저항 측정	Point	0.41	1.31
〃 분석	〃	0.31	-

【해 설】

① 대지고유저항 측정은 접지매설지점 기준으로, 단위 "Point"는 측정장비 위치에서 양쪽 방향으로 각각 0.5~50m의 범주에서 보조전극(P1,P2,C1,C2) 20개소에 대한 측정품임

② 본품은 접지설계를 위한 웨너(Wenner)의 4전극법 방식의 대지고유저항 측정품임

③ 동일 장소에서 1Point 이상 측정시 추가측정 Point는 측정품의 50% 적용

나. 매설물 탐지

공정별		단위	전기공사 산업기사	특별인부
매설물 탐지	맨홀	개소	0.563	1.213
	맨홀 외	〃	0.16	0.343

【해 설】

① 맨홀의 매설물 탐지는 보링(천공)전 맨홀내부의 환기를 위한 송풍, 양수·침전물 제거, 맨홀바닥의 코아드릴링(φ200) 및 맨홀 하단의 매설물 수작업 확인을 위한 굴토와 탐침봉 확인품이 포함되었음

② 맨홀외 매설물 탐지는 맨홀이외의 장소(평탄지, 도심, 야산지 등)로서 전기, 통신, 가스, 상·하수도 등의 지하매설물 및 도면 확인품으로 굴토·탐침봉 확인품 포함

③ 기계장비 사용시는 기계경비(기계손료, 운전경비, 수송비) 추가 계상

다. 기계기구 설치

(개소당)

공종	보링공(지질조사)	전공	보통인부
기계기구 설치	1.0	1.0	1.0

【해 설】

① 본품은 육상, 평지부를 기준한 것이므로 지형, 지물 등 현장조건에 따라 가산할 수 있다.

② 조사개소 이동을 위한 소운반은 포함되지 않았음

③ 수상작업 시(축도, 선박, 가잔교 시설 등)에는 육상으로부터의 거리, 수심, 풍랑, 조수차 등의 상황을 고려 별도 계상한다.

④ 지장물 보상은 별도 계상한다.

⑤ 잡재료는 별도 계상한다.

⑥ 조사개소의 좌표측량, 수준 측량, 기타 지형지물 등 현장조건에 따라 필요한 제반 측량은 측량 품셈에 의한다.

⑦ 1개소당 작업장 넓이는 20m 내외로 한다.

⑧ 전공은 변전설비의 접지공사 시는 변전전공, 전주 및 배전설비의 접지공사 시는 배전전공(전철설비 포함), 옥내설비의 접지공사 시는 내선전공, 신호설비의 접지공사 시는 철도신호공, 발전설비 및 중공업 설비의 접지공사 시는 플랜트 전공 적용

라. 보링(천공)

공정별		단위	전공	보링공(지질조사)	용접공
천공	Φ 75	m당	0.08	0.08	-
	Φ 100	〃	0.10	0.10	-
	Φ 125	〃	0.11	0.11	-
	Φ 150	〃	0.12	0.12	-
	Φ 200	〃	0.15	0.15	-
케이싱설치		〃	0.25	0.25	0.12

【해 설】

① 본품은 보링접지를 위한 고성능 착정기 지하 천공품으로 천공 직경(Φ75, 100, 125, 150, 200) 및 깊이에 따라 해당품 적용

② 천공은 보통토사 기준으로 보통암은 본품의 90%, 모래층은 110%, 자갈층은 160%, 호박돌층은 260% 적용

③ 고성능착정기, 발전기의 기계경비(기계손료, 운전경비, 수송비)는 별도 계상

④ 케이싱 설치는 필요시 천공된 공벽유지를 위한 별도의 철관 삽입 공정으로 절단 및 용접품 포함

⑤ 폐기물 처리는 별도 계상

⑥ 이 품의 전공은 다항 해설 ⑧번 참조

마. 저감제 주입 및 접지저항 측정

공정별		단위	전기공사기사	전공	용접공
접지전극(봉)설치		m	-	0.06	0.01
접지선 인출	100㎟	10m	-	0.19	-
	60㎟	〃	-	0.13	-
저감제 주입	모르터 형태	m당	-	0.11	-
	젤 형태	〃	-	0.09	-
접지저항 측정(3점)		개소	0.18	-	-

【해 설】

① 접지전극(봉) 설치공정은 중공관(속이 빈 관)과 접지전극 설치 및 용접 공정임

② 접지선 인출은 접지전극(봉)에서 접지설비까지의 접지선(GV) 포설품으로 압착단자 처리 및 관로 내 포설공정이며, 터파기는 별도 가산

③ 저감제 주입은 보링직경 Φ200을 기준하였으며, Φ150은 본 품의 90%, Φ100은 80%, Φ75는 75% 적용

④ 기계경비(기계손료, 운전경비, 수송비)는 별도 계상

⑤ 이 품의 전공은 다항 해설 ⑧번 참조

3-39-1 방화구획재 시공

공종	단위	방수공	내장공	건축 목공	특별 인부
대형개구부 Foam 충전	kg	0.24	-	-	-
일반개구부 Foam 상부충전	개소	0.09	0.17	-	-
일반개구부 Foam 하부충전	개소	0.09	0.24	-	-
Dam 설치	㎡	-	-	1.12	-
케이블 청소	1000개	-	-	-	2.37
작업준비/Cell 검사/뒷정리	변전소	0.15	0.08	0.13	0.07

【해 설】

① 대형 개구부 Foam 충전의 경우 층, 실간 벽 관통부로 충진두께 15cm 이상인 개소에 적용

② 일반 개구부 Foam 충전의 경우 PNL 관통부 등 대형 개구부 이외 개소에 적용

③ 철거 및 공사 잔재 중 환경유해 물질은 폐기물 처리업체에 위탁처리하고, 실 정산 처리한다.

3-40 Plant Sequence Check

(단위 : 일)

공종	변전전공
Sequence Check	3인×2조=6인

【해 설】

기간은 시운전 기간임

3-41 정류기 설치

(단위 : 대당, 변전전공)

용량별	전동발전기	수은정류기	금속정류기
5kW 이하	2.0	1.2	1.2
10kW 〃	2.5	2.0	1.9
20kW 〃	3.2	2.6	2.6
30kW 〃	3.9	3.5	3.2
50kW 〃	5.0	4.5	3.8

【해 설】

① 조작반 기초, 접지, 시험 불포함

② 전산 및 산업용 정류기 점검은 본 품의 10%

③ 철거 50%

4. 연습문제 답

1. 전기공사의 물량 산출 시 건물 층수에 따른 할증률이 적용된다. 6층의 할증률과 23층의 할증률은 얼마인가?

(답) 6층의 할증률 : 3%, 23층의 할증률 : 5%

2~5층 이하 1%

10층 이하 3%　25층 〃　6%

15층 〃　4%　30층 〃　7%

20층 〃　5%

30층 초과에 대하여는 매 5층 이내 증가마다 1.0% 가산

2. 주택가 지역에 케이블 공사를 하려고 한다. 일반 도로에 비해서 할증률이 얼마인가?

(답) 10%

종류	할증률(%)
보통	0%
불량	25%
매우 불량	50%
물이 있는 논	20%
농작물이 있는 건조한 논밭	10%
소택지 또는 깊은 논	50%
번화가 1	20%(지중케이블공사는 30%)
번화가 2	10%(지중케이블공사는 15%)
주택가	10%
도서지구{본토(육지)에서 인력 파견 시}	50%까지

3. 공구손료란 무엇인가?

(답) 일반 공구 및 시험용 계측기구류의 손료로서 공사 중 상시 일반적으로 사용하는 것을 말한다.

4. 전기공사 예정금액이 2억 원일 때 일반관리비율은 얼마인가?

(답) 6%

종합공사		전문 · 전기 · 정보통신 · 소방 및 기타공사	
직접공사비+간접공사비	일반관리비율(%)	직접공사비+간접공사비	일반관리비율(%)
50억 원 미만 50~300억 원 미만 300억 원 이상	6.0 5.5 5.0	5억 원 미만 5~30억 원 미만 30억 원 이상	6.0 5.5 5.0

5. 총 공사비는 원가, 일반관리비, 이윤의 합이다. 여기서 이윤은 무엇의 합이며, 몇%를 초과할 수 없는지 설명하시오.

(답) 이윤 : 영업이익을 말하며 공사원가 중 노무비, 경비와 일반관리비의 합계액(이 경우에 기술료 및 외주가공비는 제외한다)의 15%를 초과하여 계상할 수 없다.

6. 개산견적이란 무엇인가?

(답) 공사에 필요한 재료 수량이나 노무수량을 상세하게 산출하지 않고 과거의 공사 질적 자료 등에서 공사비를 개략적으로 작성하는 적산방법

7. 견적 시 주의 사항으로 4가지 방법을 설명하시오.

(답) 현장설명, 현장조사, 도면, 시방서, 명세서 확인 건축공법 및 건축공정의 확인

8. 운반비 산출 공식 중 전세차량비에 의한 운반비 산출 공식으로 총 주행 소요시간이 120분이고 적상하시간이 20분이다. 전세차량비가 30만원 일 때 운반비는 얼마인가?

(답) 87,500원

(가) 차량운반비(원) = (계산차량대수×전세차량비) + 총 상하차임

계산차량대수 $= \frac{1}{480}$ [T1+T2]

T2 : 적상하시간(분)

α : 품목별 할증률 및 할인율(국토해양부 운임 및 요금표상의 할증 및 할인해당분에 한함)

T1 : 120, T2 : 20

$$\frac{1}{480}(120+20)\times 300{,}000 = 87500\text{원}$$

9. 왕복 6차선 도로의 도심에서 야간에 지중케이블 공사를 하려고 한다. 할증률은 얼마인가?

(답) 50%

번화가 1, 2는 주간작업 기준이며, 야간작업 시에는 이 할증률의 50% 적용.

위의 설명은 번화가 2의 기준이다. 야간작업 시에는 할증률이 50%로 적용된다.

Electrical cost estimation equipment

전기견적설비

2판 3쇄 2026년 3월 3일

저 자 심재구
발행인 송광헌
발행처 **복두(더)**
주 소 서울특별시 영등포구 경인로82길 3-4
센터플러스 807호
(우) 07371
전 화 02-2164-2580
FAX 02-2164-2584
등 록 1993. 11. 22. 제 10-902 호

정가 : 16,000원

ISBN : 979-11-6675-284-1 93560

한국과학기술출판협회 회원사